NIKON 1
DAS BUCH ZUM NEUEN SYSTEM
V1 • J1

IMPRESSUM

Alle Rechte, auch die der Übersetzung vorbehalten. Kein Teil des Werkes darf in irgendeiner Form (Druck, Fotokopie, Mikrofilm, elektronische Medien oder einem anderen Verfahren) ohne schriftliche Genehmigung des Verlages reproduziert oder unter Verwendung elektronischer Systeme verarbeitet, vervielfältigt oder verbreitet werden. Der Verlag übernimmt keine Gewähr für die Funktion einzelner Programme oder von Teilen derselben. Insbesondere übernimmt er keinerlei Haftung für eventuelle aus dem Gebrauch resultierende Folgeschäden.

Die Wiedergabe von Gebrauchsnamen, Handelsnamen, Warenbezeichnungen usw. in diesem Werk berechtigt auch ohne besondere Kennzeichnung nicht zu der Annahme, dass solche Namen im Sinne der Warenzeichen- und Markenschutzgesetzgebung als frei zu betrachten wären und daher von jedermann benutzt werden dürften.

ISBN 978-3-941761-24-7

Januar 2012

Bildnachweis:
Alle Bilder, wenn nicht anders vermerkt, vom Autor;
Produktfotos und grafische Darstellungen vom Autor oder
Nikon GmbH Deutschland. Bilder von anderen Bildautoren
sind gesondert gekennzeichnet.

© 2012 by Point of Sale Verlag Gerfried Urban,
D-82065 Baierbrunn
Printed in EU

BENNO HESSLER

Nikon 1
DAS BUCH ZUM NEUEN SYSTEM
V1•J1

INHALT

- 8 Vorwort
- 12 Was ist Nikon 1?
- 21 **Die Technik hinter Nikon 1**
  - 21 Sensoren spiegelloser Systemkameras im Vergleich
  - 22 Die richtige Wahl?
  - 23 Beeindruckender Autofokus
  - 24 Nicht entweder oder, sondern sowohl als auch
  - 30 Die schnellste Nikon aller Zeiten
  - 30 Neues System, neues Bajonett
  - 32 Bajonettadapter für normale Nikkore
- 33 **J1 und V1: Die Unterschiede im Detail**
  - 34 Ausgezeichneter elektronischer Sucher der V1
  - 35 Eingebauter oder optionaler Blitz
  - 37 Unterschiede in der Bedienung
  - 37 GPS-Funktion exklusiv bei der V1
  - 38 Displays in unterschiedlicher Ausführung
  - 38 Unterschiedliche Akkuleistung
  - 39 Verschiedene Gehäusematerialien
  - 39 Verschiedene Verschlussarten bei Nikon 1
  - 41 Unterschiedliche Anschlüsse
  - 48 Das Angebot an Objektiven
  - 51 Diese Sets sind im Handel erhältlich
- 52 Die Bildqualität von Nikon 1
- 56 **Für wen ist Nikon 1 geeignet?**
  - 56 Gruppe eins: Ausgangspunkt Kompaktkamera
  - 57 Gruppe zwei: Nicht immer nur DSLR
  - 57 Gruppe drei: Die erste Digitalkamera – aber richtig
- 58 **Für wen ist Nikon 1 nicht geeignet?**
  - 58 Gruppe eins: Der Knipser
  - 58 Gruppe zwei: Der Perfektionist
- 60 **Die Bedienung der Nikon 1 Kameras**
  - 60 Bedienelemente
- 74 Motivautomatik

INHALT

76 Die klassischen Aufnahmemodi
- 77 Blendenautomatik
- 78 Zeitautomatik
- 80 Programmautomatik
- 82 Manueller Modus

84 Die geheime Belichtungsautomatik
- 85 Wunderwaffe ISO-Automatik

86 Das Hauptmenü der Kameras
- 86 Wiedergabe
- 87 Diaschau
- 92 RAW oder JPEG – die alte Streitfrage
- 95 Das Beste aus zwei Welten

99 Richtig belichten
- 100 Universell: Die Matrixmessung
- 100 Vorsicht Falle!
- 101 Die (oft bessere) Alternative: Die mittenbetonte Messung
- 102 Für Perfektionisten
- 104 Für Spezialfälle: Die Spotmessung

105 Der Belichtungsmessung unter die Arme greifen
- 105 Belichtungsspeicherung
- 106 Belichtungskompensation
- 107 Sonderfall Active D-Lighting (ADL)

110 Weißabgleich
- 110 Beispiel eins: Schwierige Lichtsituationen
- 112 Beispiel zwei: Lichtstimmungen bewusst erzeugen
- 113 Beispiel drei: Fotoserien
- 114 Auto, Kunstlicht, Leuchtstofflampe, Direktes Sonnenlicht
- 115 Blitzlicht, Bewölkter Himmel, Schatten
- 116 Weißabgleich feintunen
- 117 Eigenen Weißabgleich messen

124 Die ISO-Einstellung
- 124 Möglichkeit eins: Mit festen Werten arbeiten
- 125 Möglichkeit zwei: Einen ISO-Bereich wählen

INHALT

126 Picture Control
- 126 Standard, Neutral
- 127 Brillant
- 128 Monochrom
- 129 Porträt, Landschaft, Picture Controls individuell anpassen
- 130 Auto-Picture Control, Sonderfall Monochrom
- 132 Eigene Konfigurationen erstellen und abspeichern
- **135 Picture Controls im Vergleich**

140 Richtig Fokussieren
- **142 Fokusmodus**
- 142 Autofokus-Automatik (AF-A), Einzelautofokus (AF-S), Kontinuierlicher Autofokus (AF-C)
- 143 Manuelle Fokussierung (MF)
- **144 Autofokus-Messfeldsteuerung**
- 145 Automatische Messfeldsteuerung, Einzelfeld
- 146 Motivverfolgung
- 147 Porträt-AF
- **148 Ein paar einfache Fokusregeln**
- **148 Grundsatzgedanken zum Autofokus**
- **149 Der Trick für schnelle Motive**
- **150 Das Problem der Bewegungsunschärfe**

152 Richtig Blitzen
- 152 Durch das Objektiv
- 154 Den Blitz auch tagsüber ausnutzen
- 160 Diese Blitz-Einstellung ist auch für J1-Besitzer!
- 161 Die Möglichkeiten des SB-N5-Blitzes ausnutzen
- 164 Systemeinstellungen
- 166 Kleiner Exkurs: Der Goldene Schnitt

175 Die Videofunktionen
- 176 Video: Die technischen Hintergründe
- 178 Wählen Sie das richtige Videoformat
- 180 Video: Die Einstellmöglichkeiten
- 180 Video: Die Sonderfunktionen

INHALT

	184	Video: Die Praxis
	184	Vergessen Sie alles, was Sie übers Videofilmen wissen
	184	Benutzen Sie ein Stativ
	185	Kaufen Sie ein externes Mikrofon
	185	Fokussieren Sie richtig
	185	Vergessen Sie das Zoomen
	186	Nutzen Sie den Wechselobjektiv-Trumpf
	186	Öffnen Sie die Blende
	186	Greifen Sie auch bei Video in die Belichtung ein
189	**Dauerhafte Sicherheit für Ihre Fotos**	
	189	Schritt 1: Nach dem Fotografieren
	190	Schritt 2: Nach dem Backup
	191	Noch mehr Sicherheit
	191	Sicherererer
193	**Empfehlenswertes Zubehör**	
196	**Nikons Softwarepaket**	
	196	Der Datentransfer
	198	Der Foto-Browser
	198	Die Bildbearbeitung
	199	Das GPS-Modul
	200	Der Short Movie Creator
202	**Die bezahlbare Alternative**	
	202	Adobe Photoshop Elements
	202	Der Startbildschirm
	203	Der Bild-Organizer
	204	Das Bearbeitungsprogramm
	207	Erstellen und Weitergeben
	208	Adobe Camera RAW (in PSE enthalten)
	211	Die anspruchsvolle Alternative
	212	Der Dateibrowser
217	**Urteilen Sie selbst**	
218	**Index**	

VORWORT

Liebe Leser,

integriert ein Hersteller in eine Produktbezeichnung eine „1", so bedeutet dies meist: Das ist unser neuestes, unser bestes, unser interessantestes Produkt. Dieser Assoziationen war man sich beim japanischen Hersteller Nikon natürlich völlig bewusst, als es um die Namenswahl für deren erstes spiegelloses Kamerasystem ging.

Welche Bedeutung Nikon dem von vielen lang erwarteten Einstieg in das Segment spiegelloser Systemkameras beimisst, kann man an einem Statement des Europa-Präsidenten Takami Tsuchida gut ablesen: „*Dies ist die wichtigste Ankündigung von Nikon seit der Einführung unserer ersten Digitalkamera vor 14 Jahren.*", so das wörtliche Zitat.

Mir stellt sich an dieser Stelle aber eine ebenso gewichtige Frage: Welche Bedeutung messen **SIE** denn dem Nikon 1 System bei? Offensichtlich ist Ihr Interesse ziemlich hoch. Warum sonst sollten Sie – höchstwahrscheinlich mit der Frage „Ist Nikon 1 das Richtige für mich?" im Hinterkopf – dieses Buch lesen, worin Sie eine Antwort auf Ihre Frage(n) zu finden hoffen. Vielleicht waren Sie aber auch mutig, haben sich bereits eine Nikon 1 gekauft und suchen nun nach einem Ratgeber, der Sie dabei begleitet, das neue Kamerasystem bestmöglich kennenzulernen.

Egal, welche der beiden Ausgangssituationen auf Sie zutrifft: Dieses Buch ist in jedem Fall der passende Begleiter. Sie erhalten einen umfassenden Überblick über die speziellen Merkmale des innovativen Systems, eine Einschätzung darüber, wie gut Nikon 1 für Sie geeignet ist (und natürlich auch, ob es sich für Sie eher weniger empfiehlt).

Der Hauptteil dieses Buches beschäftigt sich jedoch mit der Praxis: Zahlreiche Beispielfotos beweisen eindrucksvoll, zu welchen Höchstleistungen das Nikon 1 System in der Lage ist. Ich bin dabei durch die gleiche Schule gegangen, durch die Sie als frisch gebackener Nikon 1 Besitzer auch gehen werden. Denn hier handelt es sich ja nicht nur um ein neues DSLR- oder Kompaktmodell, sondern um ein komplett neues System, das erst ergründet werden will.

VORWORT

Ab September 2011 bin ich zu diesem Zweck ein paar Wochen mit einer Nikon 1 V1 – später auch mit einer J1 – durch die Lande gezogen. Zwei Dinge waren dabei enorm hilfreich: Der trockene und sehr sonnige Spätsommer, der mir die unterschiedlichsten Motive in Hülle und Fülle geliefert hat, die ich bei schlechterem Wetter so niemals hätte einfangen können. Aber auch das anhaltend schöne Wetter hätte mir nicht allzu viel genützt, wenn ich nicht vorher schon von anderer Seite aus großartige Hilfe erfahren hätte. Nicht ganz ohne Stolz darf ich Ihnen berichten, dass Tadashi Nakayama, der Geschäftsführer der Nikon Deutschland GmbH, dafür gesorgt hat, dass mir als einem der ersten Journalisten überhaupt ein voll funktionsfähiges Nikon 1 System zur Verfügung gestellt wurde.

Ich darf mich deshalb an dieser Stelle ausdrücklich bei Herrn Nakayama für dessen überaus freundliche und hilfreiche Unterstützung bedanken. Darüber hinaus gilt mein besonderer Dank auch dem Team der Nikon Deutschland GmbH, die meine steten Fragen nach Geräten, Software, Handbüchern, Firmwares, technischen Details, Hintergründen und so weiter nicht nur immer geduldig ertragen haben, sondern mir auch stets engagiert und kompetent weitergeholfen haben, wo immer sie konnten.

Als Résumée möchte ich festhalten: Auch für einen „alten Hasen" wie mich auf dem Gebiet digitaler Kameras war Nikon 1 eine ganz neue Erfahrung. Eine Erfahrung, bei der ich sehr viel lernen konnte und die mir enorm viel Spaß bereitet hat. Und deshalb bin ich auch der festen Überzeugung, dass es Ihnen mit Ihrer neuen Nikon 1 ganz genauso ergehen wird: Sie werden ganz schön viel Freude – mit ihr und an ihr – haben.

Viel Spaß beim Fotografieren!
Ihr Benno Hessler

Die Nikon 1 J1 gibt es zum Verkaufsstart in verschiedenen Farben: Weiß, Mattschwarz, Rot, Silber und Hot Pink (die letztgenannte Farbe ist hier nicht abgebildet). Egal, in welcher Variante: Das betont zurückhaltend designte Gehäuse ist mit seinen Abrundungen sehr elegant anzusehen.

In Schwarz oder Weiß wird die V1 angeboten. Auch sie besticht durch ihre Eleganz, der elektronische Sucher verleiht dem Gehäuse aber etwas mehr technische Anmutung.

Was ist Nikon 1?

Diese Frage lässt sich leicht beantworten: Eine spiegellose Systemkamera. Das bedeutet: Größer und schwerer als eine durchschnittliche Kompaktkamera, aber deutlich kleiner und leichter als eine Spiegelreflex. Ein Hauptmerkmal der Kameras dieser Klasse ist die Möglichkeit, trotz kompakter Abmessungen Objektive (und ggf. weiteres Zubehör) je nach Bedarf ansetzen und wieder abnehmen zu können. Zudem bietet sie in der Regel viel an Ausstattung und Bedienelementen ähnlich einer großen Spiegelreflex, sodass sie sich auch für den ambitionierten Fotografen eignet. Das klingt für Sie nicht neu? Das ist es auch nicht.

Bereits seit einigen Jahren sind spiegellose Systemkameras auf dem Markt. Im Oktober 2008 erblickte die Lumix G1 von Panasonic das Licht der Welt. Eine Micro Four Thirds Kamera, der man zuschreiben darf, den Siegeszug der Kompakten mit Wechselobjektiven maßgeblich mit begründet zu haben. Allerdings war auch sie nicht die erste ihrer Art: Die Leica M8 erschien im Oktober 2006; die Epson R-D1 sogar schon im März 2004. Beide Kameras haben keinen Spiegel, verfügen über einen digitalen Bildsensor, und besitzen ein (Leica M-)Bajonett, sodass sich verschiedene Objektive verwenden lassen. Eigentlich sind sie also die spiegellosen Pioniere – auch wenn ihr Konzept so natürlich gar nicht gedacht war und diese Kameras eine ganz andere Käuferschicht anlocken sollten (und auch gefunden haben).

WAS IST NIKON 1

Kommen wir wieder zurück zum Nikon 1 System. Viele an Fotografie und Kameras Interessierte, so auch ich, haben sich angesichts des Booms der spiegellosen Kameras oft gefragt: Wieso steigen die „Platzhirsche" Canon und Nikon nicht endlich auch in diesen offensichtlich sehr lukrativen Markt ein, sondern überlassen ihn scheinbar kampflos den Konkurrenten Olympus, Panasonic, Samsung und Sony?

Für Canon lässt sich diese Frage bis zum Redaktionsschluss dieses Buches immer noch nicht beantworten. Nikon jedoch hat die Antwort mit Nikon 1 inzwischen geliefert. Und wenn man die Fakten genauer beleuchtet, dann fällt diese Antwort deutlich spektakulärer aus, als man es auf den ersten Blick vermuten könnte: Nach eigenen Aussagen haben die Ingenieure des japanischen Herstellers bereits seit fünf Jahren an diesem System gearbeitet!

Rechnen wir nach: Einführung im Zeitraum September / Oktober 2011, fünf Jahre zurück – macht September / Oktober 2006. Wenn Sie sich die Timeline auf der linken Seite unter diesem Aspekt nun nochmals ansehen, dann werden Sie schnell feststellen: Nikon ist keineswegs hintendran, sondern ganz im Gegenteil: Nikon war einer der ersten Hersteller überhaupt, der sich intensiv mit spiegellosen Systemkameras beschäftigt hat (allerdings ohne darüber zu sprechen). Das wirft natürlich wiederum die Frage auf, warum Nikon so lange bis zur Serienreife der ersten Modelle gebraucht hat – auch darauf gibt es Antworten.

Für den Anfang gibt es vier Objektive; weitere sollen laut Nikon demnächst folgen. Kleines Schmankerl für Design-Verliebte: Die Objektive sind auch in der zum Gehäuse passenden Farbe erhältlich. Für die V1 (linke Seite) sind darüber hinaus ein verschwenkbarer Aufsteckblitz sowie ein GPS-Modul im Programm. Die J1 ist zu diesen Modulen nicht kompatibel, hat dafür jedoch einen Blitz eingebaut, was bei der V1 nicht der Fall ist.

WAS IST NIKON 1

Setzt man voraus, dass ein langjähriger und entsprechend erfahrener Kamerahersteller wie Nikon weiß, was er tut, dann muss man diese Bedächtigkeit bewundern. Denn statt schnell, schnell, ein System auf den Markt zu werfen, hat man ganz in Ruhe abgewartet, ob diese neue Kameraklasse angenommen wird und sich ein Einstieg in das neue Marktsegment überhaupt lohnt – wirtschaftliche Aspekte also.

Dies allein war aber wohl nicht der Hauptgrund, denn während der Wartezeit wurden keineswegs die Hände in den Schoß gelegt. Nikon hat die Reaktionen der Käufer nicht nur aus kaufmännischer Sicht verfolgt, sondern insbesondere auch ganz genau hingeschaut, was die ersten Besitzer einer spiegellosen Kamera an ihr schätzen, und, viel wichtiger, welche Kritikpunkte häufig vorgebracht werden.

Mit diesem Hintergrundwissen dürften Sie so mache Frage zum neuen System möglicherweise in einem neuen Licht sehen: Warum ist der Sensor so klein und nicht im APS-C-Format, wie es die meisten Konkurrenten machen? Warum nur 10 Megapixel, wo andere doch schon bei 24 Millionen Bildpunkten angelangt sind? Warum ein neues Bajonett, und nicht eines, das zu dem großen Angebot an normalen Nikon-Objektiven kompatibel ist? Warum überhaupt ein neues System, und keine spiegellose Nikon, die sich nahtlos in das bereits bestehende System integriert?

All diese Fragen werden wir nach und nach behandeln, und selbstverständlich werde ich auch versuchen, jeweils eine schlüssige Antwort zu liefern. Eines können Sie sich aber anhand der Hintergrund-Informationen, die ich Ihnen auf den vorherigen Seiten gegeben habe, bereits jetzt schon denken: Kein einziges Ausstattungsmerkmal und kein technisches Detail des Nikon 1 Systems ist zufällig oder aus der Not heraus so, wie es ist. Nikon hat sehr lange überlegt, getüftelt, abgewogen und ausprobiert, bis genau das System dabei herausgekommen ist, das Sie heute kennen.

Bevor wir aber ins Detail gehen, möchte ich Ihnen auf einigen Seiten anhand verschiedener Fotos einfach mal zeigen, was Nikon 1 leisten kann. Ich war dazu ein paar Wochen mit einer Nikon 1 V1 und dem 10-30mm-Zoom unterwegs.

WAS IST NIKON 1

• 1/13s, f4,5, ISO 800, 17,5mm (47mm KB)

WAS IST NIKON 1

- 1/320s, f5,6, ISO 100, 30mm (81mm KB)

- 1/320s, f4,0, ISO 100, 10mm (27mm KB)

- 1/60s, f4,2, ISO 140, 15,7mm (42mm KB)

- 1/500s, f4,5, ISO 100, 10mm (27mm KB)

• 1/800s, f7,1, ISO 100, 16,3mm (44mm KB)

WAS IST NIKON 1

- 1/2.500s, f5,6, ISO 100, 13,6mm (37mm KB)

- 1/160s, f4,8, ISO 100, 19,6mm (53mm KB)

WAS IST NIKON 1

Nun, wie beurteilen Sie die Fotos auf den vorhergehenden Seiten? Ich meine natürlich keine künstlerische Bewertung; da würde ich wohl auch nicht allzu gut wegkommen. Nein, mir geht es ausschließlich darum, was Sie von der Qualität der Aufnahmen halten. Schärfe, Kontrast, Farbabstimmung, Bildrauschen und so weiter - eben alles, wonach sich ein Foto in technischer Hinsicht beurteilen lässt.

Bevor Sie Ihre persönliche Beurteilung abgeben, möchte ich Sie aber noch mit einer recht interessanten Information dazu versorgen, wie diese Fotos entstanden sind. Ich war, wie schon gesagt, mit einer V1 sowie dem 10-30mm-Zoom unterwegs. Worauf ich hinaus möchte, sind die speziellen Einstellungen, die ich für meine Fotos gewählt habe: Keine. Ich habe es mir ganz bewusst sehr einfach gemacht, und der Kamera alle Entscheidungen überlassen. Die V1 stand auf der „out-of-the-box"-Werkseinstellung, als Aufnahmemodus habe ich die Motivautomatik gewählt. So gesehen habe ich selber also nichts zu den Fotos beigetragen.

Ohne Ihnen die Worte in den Mund legen zu wollen: Ich finde, die V1 hat ihre Sache großartig gemacht. Dazu hat sie (teilweise) Einstellungen gewählt, die ich selbst nicht ohne Weiteres wagen würde. Bestes Beispiel ist das Foto der Flaschen auf Seite 17: 1/13 Sekunde, voll geöffnete Blende und ISO 800 – normalerweise nicht gerade die erste Wahl, wenn man ein rauscharmes und knackig scharfes Foto schießen möchte. Schauen Sie deshalb bitte ganz genau hin (soweit es das Druckraster dieses Buches zulässt): An diesem Foto gibt's absolut nichts zu beanstanden.

Damit wäre eines schon jetzt deutlich gemacht: Auch, wenn Sie als Fotograf vielleicht noch nicht sehr erfahren sind, werden Sie mit der V1 (und natürlich auch mit der J1) ansprechende Fotos auf die Speicherkarte bannen können, denn die intelligenten Automatiken sowie die großartige Technik, die Nikon im neuen System verbaut hat, leisten Erstaunliches. Wenn Sie zur Gruppe der Fotografen gehören, die sich schon mehr oder weniger umfassende Kenntnisse aneignen konnten, sollten Sie sich Nikon 1 trotzdem genauer ansehen, denn auch für Sie hat das innovative System sehr viele Möglichkeiten zu bieten.

Die Technik hinter Nikon 1

Bei Nikon gibt es für Spiegelreflex-Kameras zwei Sensor-Klassen: Kleinbild-Format („FX") und das in etwa halb so große APS-C-Format („DX"). Das Nikon 1 System hat jedoch einen ganz neuen Sensor namens „CX". Der Bildchip misst 13,2 mal 8,8 Millimeter, und ist damit nur rund ein Drittel so groß wie ein APS-C-Sensor. Doch was bedeutet das, auch im Vergleich zu den Konkurrenten? Schauen wir uns dazu die beiden folgenden Vergleichstabellen an.

Sensoren spiegelloser Systemkameras im Vergleich

Format	Sensorgröße	Max. effekt. Pixel (Stand: 11/2011)	Formatfaktor zu Kleinbild	Eingebaut in
Kleinbild	ca. 24 x 36 mm	18,5 Mio	---	Leica M9
APS-C	ca. 16 x 24 mm	24,3 Mio	ca. x 1,5	Ricoh GXR (modulabhängig), Samsung NX, Sony NEX
Four Thirds	ca. 13 x 17 mm	16 Mio	ca. x 2	MFT-Kameras von Olympus und Panasonic
Nikon 1	ca. 8,8 x 13,2 mm	10,1 Mio	ca. x 2,7	Nikon 1
Pentax Q	ca. 4,6 x 6,1 mm	12,4 Mio	ca. x 5,6	Pentax Q

Wenn man nun noch die Sensorflächen und die derzeit jeweils maximal darauf verbauten Pixel miteinander vergleicht (siehe untenstehende Tabelle), dann stellt man schnell fest, dass sich im Vergleich der verschiedenen Sensoren große Unterschiede bei der Größe und Dichte der einzelnen Pixel ergeben. Pixelgröße und -Dichte sind zwei sehr entscheidende Aspekte der Bildqualität, denn grundsätzlich gilt: Je kleiner die einzelnen Pixel sind, und je dichter gepackt sie auf dem Sensor sitzen, desto höher ist die Anfälligkeit der Kamera für Bildrauschen und weitere unerwünschte, weil qualitätsmindernde Effekte.

Format	Sensorfläche	Max. Pixel pro mm2 (Stand: 11/2011)
Kleinbild	ca. 864 mm^2	ca. 21.412
APS-C	ca. 384 mm^2	ca. 63.281
Micro Four Thirds	ca. 221 mm^2	ca. 72.398
Nikon 1	ca. 116 mm^2	ca. 86.949
Pentax Q	ca. 28 mm^2	ca. 441.910

DIE TECHNIK

Kleinbild

APS-C

Four Thirds

Nikon CX

Die richtige Wahl?

Auf den ersten Blick sieht es aufgrund der technischen Daten so aus, als könnte der vergleichsweise kleine Sensor von Nikon 1 ein Schwachpunkt des Systems sein, da er anfälliger für Bildfehler sein müsste als die Sensoren der Konkurrenten, die (Ausnahme: Pentax) allesamt größer sind. Ein paar Seiten zuvor habe ich Ihnen aber einige Beispielfotos gezeigt, die – im wahrsten Sinne des Wortes – ein ganz anderes Bild von Nikon 1 zeigen, denn die Qualität der Fotos muss sich vor keiner Konkurrenz verstecken.

Hat Nikon also die richtige Wahl getroffen? Zur Beantwortung dieser Frage noch weitere Hintergrundinfos. Nikon hat sich die Entscheidung, wie groß der Sensor des neuen Systems letztendlich werden sollte, wahrlich nicht leicht gemacht. Laut Auskunft von Tad Nakayama, Geschäftsführer von Nikon Deutschland, und von Anfang an maßgeblich an der Entwicklung von Nikon 1 beteiligt, hat alleine der Prozess der Entscheidungsfindung für die Sensorgröße rund zwei Jahre in Anspruch genommen.

Welche Faktoren waren am Ende entscheidend? Die optimale Mischung zwischen der Größe des Systems und der Bildqualität (sowohl bei Foto als auch bei Video), die Performance des neuen Hybrid-Autofokus, speziell bei sich bewegenden Motiven (dazu später mehr), sowie die Reaktionszeiten des Systems insgesamt haben letztendlich den Ausschlag gegeben, verrät Tad Nakayama.

Ohne Ihnen meine persönliche Meinung aufdrängen zu wollen, bin ich nach mehreren Wochen des Ausprobierens der Ansicht, dass Nikons Entscheidung sehr klug war. Der Sensor ist klein, zugegeben, aber keineswegs zu klein. Sowohl der Bildchip selbst als auch die kamerainterne Hard- und Software sind hoch entwickelt und enorm leistungsfähig. Gut, 10 Megapixel reichen heute nicht mehr um anzugeben; für brillante, scharfe und farblich natürliche Fotos reicht's hingegen durchaus. Und, um noch ein (letztes!) Mal auf die „nur" 10 Megapixel zu sprechen zu kommen: Ich habe von einigen V1-Fotos Abzüge in DIN A3 machen lassen. Alle waren detailreich, brillant und scharf. Was will man mehr.

DIE TECHNIK

Beeindruckender Autofokus

Eine der interessantesten Neuentwicklungen, die in Nikon 1 stecken, ist sicherlich die des Autofokus. Dazu erneut eine Aussage eines Nikon-Mitarbeiters: Mashahiro Suzuki, General Manager Research & Development, betont, dass das Autofokussystem von Nikon 1 das schnellste sei, das Nikon jemals in eine Kamera eingebaut habe – und er schließt dabei die hauseigenen Profi-Spiegelreflexkameras vom Schlag einer Nikon D3s ausdrücklich mit ein. Starke Worte. Doch wie ich Ihnen zeigen möchte, ist die Aussage des Managers keineswegs zu dick aufgetragen.

Nikon 1 verfügt über ein Hybrid-Autofokussystem. Das bedeutet: Sowohl eine Fokussierung mittels Messung des Bildkontrasts (Kontrast-AF) als auch eine Scharfstellung durch Phasenvergleich (Phasen-Detektions-AF) ist mit den Nikon 1 Kameras möglich. Der Unterschied zwischen beiden Methoden: Der Kontrast-AF verstellt das Objektiv so lange, bis der größtmögliche Objektkontrast erreicht wird; das Motiv ist scharf. Dazu sind allerdings mehrere Messungen notwendig, was dementsprechend Zeit kostet.

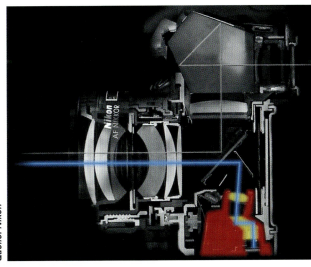
Quelle: Nikon

Bei der Phasen-Detektion hingegen schaut ein eigener Fokussensor „stereo" durch das Objektiv aufs Motiv. Durch die so mögliche Triangulation kann er mit einer einzigen Messung den Schärfepunkt feststellen. Das ist schneller als das zuvor beschriebene Verfahren. Doch auch hier gibt es einen Nachteil: Die Technik ist viel komplexer, benötigt durch den erforderlichen eigenen Sensor Platz und kostet auch mehr Geld. Schauen Sie bitte einmal links, wie das bei einer Spiegelreflex aussieht: Das Licht wird vom Schwingspiegel teils durch den Sucher gelenkt (dünne graue Linie); der andere Teil (blaue Linie) gelangt zum Fokussensor. Ziemlich aufwändig, kompliziert und teuer. Bis jetzt, denn Nikon 1 macht dies alles ganz anders.

DIE TECHNIK

Quelle: Nikon

Nicht entweder oder, sondern sowohl als auch

Auf der links abgebildeten Schemazeichnung sehen Sie wie der Autofokus bei Nikon 1 funktioniert. Sie können nur den Sensor sehen, aber das Autofokusmodul nicht erkennen? Sie sehen richtig. Denn, und das darf man getrost als eine kleine Sensation bezeichnen: Nikon 1 ist nicht nur die erste spiegellose Systemkamera der Welt, die einen Kontrast- **und** einen Phasen-Detektions-Autofokus gleichzeitig eingebaut hat (Hybrid-Autofokus), es ist auch erstmals gelungen, die sehr komplexe Technik eines Phasen-AF vollständig in einen Bildsensor zu integrieren.

In der Praxis sieht das so aus: Bei spiegelnden, glänzenden oder sich bewegenden Motiven aktiviert das System selbständig den Phasen-Detektions-AF, der über 73 Messfelder verfügt. Wenn Sie sich etwas auskennen, dann müsste die Anzahl der Fokusmessfelder Sie beeindrucken: Selbst Profi-SLRs wie die Nikon D3s oder die D700 verfügen „nur" über 51 Messfelder – das stellt Nikon 1 locker in den Schatten. Das ist um so beeindruckender, wenn man sich vor Augen hält, dass es sich hier **nicht** um Profi-Kameras handelt. Doch damit nicht genug: Ist das Motiv statisch oder dessen Beleuchtung für den Phasen-AF zu schwach, wechselt die Kamera automatisch auf den Kontrast-AF. Diesem stehen imposante 135 Fokusmessfelder zur Verfügung – nahezu der ganze Sensor ist quasi in Messfelder aufgeteilt.

Wenn wir die ganzen technischen Details des neuen Autofokussystems nun einfach mal außer Acht lassen und uns der Sache rein praktisch nähern, könnte man es in einem Satz beschreiben: Ihre Fotos werden immer und unter allen Bedingungen scharf. Um der Wahrheit Genüge zu tun: Selbst dieses High-Tech-System ist natürlich nicht unfehlbar, und Sie werden unter sehr ungünstigen Aufnahmebedingungen mal ein Foto bekommen, das nicht hundertprozentig scharf geworden ist. Doch glauben Sie mir bitte, sofern Sie es nicht schon selbst ausprobieren konnten: Es ist wirklich gar nicht so einfach, mit einer Nikon 1 ein unscharfes Foto zu schießen; man muss dies geradezu provozieren.

Ein paar „Beweis"fotos gefällig? Bitteschön.

DIE TECHNIK

DIE TECHNIK

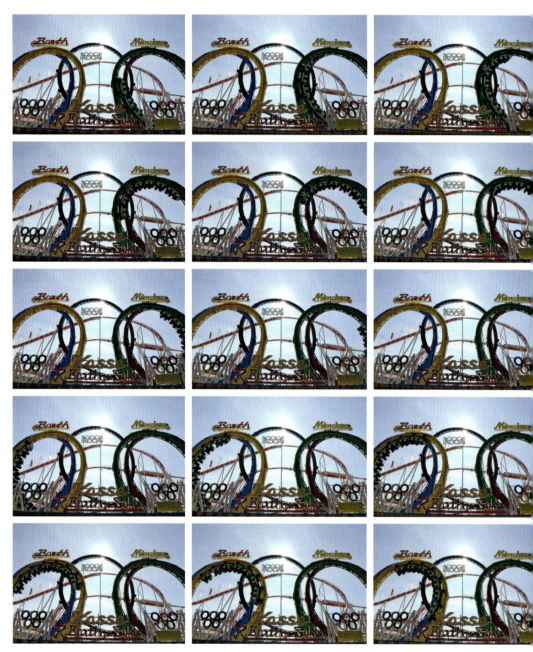

Der „Olympia Looping" ist zwar nichts für meinen empfindlichen Magen, aber kein Problem für die Nikon 1 V1.

DIE TECHNIK

Die Serienbilder auf der vorherigen Doppelseite rechts zeigen den „Power Tower", Stammgast auf dem Münchner Oktoberfest. Falls Sie ihn nicht selbst kennen: Die Gondel mit den Fahrgästen wird an der Metallkonstruktion bis ganz nach oben gezogen, dann werden die Bremsen gelöst, und die Gondel rast im freien Fall bis nach unten. Aber nur, um sofort wieder nach oben zu schießen. Alles geschieht in einer schwindelerregend hohen Geschwindigkeit.

Eine Mutprobe für die Fahrgäste und eine Härteprüfung für die Serienbildfunktion der Nikon. Die sie mit Bravour bestanden hat, denn sie kann im High-Speed-Modus unglaubliche 60 Bilder pro Sekunde schießen – bei voller Auflösung, wohlgemerkt! Die 25 Fotos, die Sie auf der vorherigen Seite sehen, sind also im Zeitraum von weniger als einer halben Sekunde geschossen worden. Geradezu gemächlich entstanden dagegen die Fotos dieser Doppelseite: Hier war die Kamera „nur" auf 30 Bilder pro Sekunde eingestellt, denn das beherrscht sie auch. Es reichte völlig aus, um die Fahrt auf dem „Olympia-Looping" festzuhalten.

Allerdings haben beide Fotoserien nicht sehr viel mit der Autofokusgeschwindigkeit zu tun, denn bei diesen beiden High-Speed-Modi stellt die Kamera nur beim ersten Foto scharf; bei den restlichen Fotos der Serie ist der Autofokus deaktiviert. Daher eignen sich beide nur dann wirklich gut, wenn das Motiv sich nicht auf die Kamera zu oder von ihr fort bewegt, wie es hier auch der Fall war.

Aber was, wenn Sie genau solche Motive (scharf) abbilden möchten, Motive, die sich auf Sie zu oder von Ihnen weg bewegen? Auch das beherrscht die Kamera selbstverständlich: Durch ihren dritten Serienbildmodus, bei dem der Autofokus ständig aktiv ist (nachführender AF). Der Haken, und jetzt müssen Sie ganz tapfer sein: In dieser Einstellung schafft die Nikon 1 nur noch schlappe 10 Bilder pro Sekunde. Ok, das war natürlich nur ein Scherz: Auch bei ständig aktivem Autofokus stößt die Kamera mit ihrer hohen Geschwindigkeit in Leistungsbereiche vor, die man sonst nur bei sehr teuren Profi-Spiegelreflexkameras findet. Bitte blättern Sie um, denn auch für diese Behauptung möchte ich Ihnen den Beweis nicht schuldig bleiben.

DIE TECHNIK

DIE TECHNIK

Als Motiv habe ich mir diesmal das „Monster" ausgesucht. Sein gigantischer Arm befördert 20 Passagiere bis zu 40 Meter hoch in die Luft, schlägt im 120-Grad-Winkel bis zu 47 Meter aus, und dreht sich dabei um die eigene Achse. Das alles, versteht sich, wahnsinnig schnell. Ich habe für die Fotos auf Serienbild (10 B/s mit nachführendem Autofokus) gestellt, verschiedene Standpunkte, Brennweiten und Blickwinkel gewählt, aber ansonsten die V1 in der Motivautomatik – ja, ganz recht! – einfach mal machen lassen. Schauen Sie bitte wieder genau hin: Belichtung, Schärfe, Farbwiedergabe – alles ist absolut perfekt. Die V1 hat also nicht nur erkannt, dass es sich um ein schnell bewegtes Motiv handelt, sie hat selbständig auch die perfekten Einstellungen (Belichtungszeit, Autofokusfelder) gewählt. Natürlich gab es am Ende auch ein paar unscharfe Schüsse; deren Anzahl war aber extrem gering.

Die schnellste Nikon aller Zeiten

Dass Nikon 1 sowohl in der Serienbildgeschwindigkeit als auch beim Autofokus rekordverdächtig schnell ist, haben Sie bereits erfahren. Damit diese enormen Geschwindigkeiten möglich werden braucht es aber noch einen weiteren, sehr wichtigen Baustein: Den Bildprozessor. Während die Nikon-Spiegelreflexkameras über Expeed, so der Name des Prozessors, in der ersten oder zweiten Ausbaustufe verfügen, wird der brandneue Expeed 3 Prozessor erstmals bei Nikon 1 eingebaut. Das bedeutet: Die kleinen Systemkameras haben den mit Abstand mächtigsten Prozessor.

Expeed 3 ist so schnell, dass die Bilddaten der Kamera mit unglaublichen 600 Megapixel pro Sekunde verarbeitet werden können – erneut hinken selbst ultrateuere Profikameras diesem Wert hinterher. Möglich wird der Geschwindigkeitsrausch unter anderem dadurch, dass Expeed 3 eigentlich kein einzelner Prozessor ist, sondern zwei, die sich die Arbeit teilen. Damit erklären sich 60 voll aufgelöste Fotos pro Sekunde, Full-HD-Videos mit 60 Halbbildern oder 30 Vollbildern pro Sekunde, sowie die Option, während des Videofilmens ein Foto in voller Auflösung zu schießen, ohne dass der Film dabei unterbrochen werden muss. (Zu den beiden letztgenannten Funktionen später mehr.)

Neues System, neues Bajonett

Als Nikon sich für eine neue Sensorgröße entschied, war damit klar, dass auch ein neues Bajonett entworfen werden musste. Es ist nur unwesentlich kleiner als das des Micro

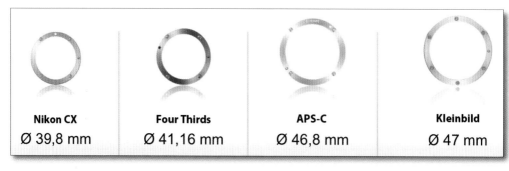

Nikon CX	Four Thirds	APS-C	Kleinbild
Ø 39,8 mm	Ø 41,16 mm	Ø 46,8 mm	Ø 47 mm

Quelle: Nikon

DIE TECHNIK

Four Thirds Systems, unterbietet das normale Nikon-Bajonett jedoch um rund sieben Millimeter. Es ist das erste komplett neue Bajonett, seit Nikon 1959 das heute immer noch verwendete F-Bajonett vorstellte, das allerdings seit seiner Einführung einige Modifikationen erfahren hat, ohne jedoch die Kompatibilität zu älteren Objektiven aufzugeben. In die Entwicklung dieses neuen „1 Bajonetts", so die Namensgebung, sind natürlich sehr viele bewährte wie auch nützliche Merkmale des F-Bajonetts mit eingeflossen.

Für Sie als (künftigen?) Nikon 1 Besitzer bedeutet dies in erster Linie, dass die Objektive deutlich kleiner und leichter sind als normale Nikon-Optiken. Selbst wenn man zu einem fairen Vergleich nicht die sehr großen und meist auch sehr schweren Profi-Zooms heranzieht, sondern sich auf Standard-Zooms für die Amateur-SLRs von Nikon beschränkt, fallen die Unterschiede – auch im Wortsinn – ins Gewicht. Zur Verdeutlichung: Vergleichen Sie einmal die unten maßstabsgerecht abgebildeten Objektive. Links ein AF-S DX Nikkor mit 18 bis 55 Millimeter Brennweite und rechts das 1 Nikkor 10 bis 30 Millimeter. Beide Objektive haben eine Brennweite von zirka 27 Millimeter bis zirka 80 Millimeter, wenn man sie aufs Kleinbildformat umrechnet. Obwohl das normale Zoom, das einer Nikon-Amateur-DSLR oft als Set-Objektiv beigepackt wird, wahrlich nicht sonderlich groß und schwer ist, wirkt es im Vergleich zum 1 Nikkor beinahe schon gigantisch.

DIE TECHNIK

Bajonettadapter für normale Nikkore

Falls Sie schon eine Nikon-Spiegelreflex nebst Objektiven besitzen, dann dürften Sie sich für das obige Zubehörteil interessieren. Es handelt sich um den Bajonettadapter FT1 für rund 270 Euro, mit dem sich normale Nikkor-Objektive an beiden Nikon 1 Kameras verwenden lassen. Das Foto zeigt eine V1 mit einem 24-70mm/2,8 Objektiv.

Wenn man den Adapter sowie ein normales Nikkor an eine V1 oder J1 ansetzt, ist der Vorteil des handlichen Systems natürlich weitgehend dahin. Dafür bekommen Sie auf der anderen Seite jedoch eine viel größere Auswahl an Objektiven. Je nach Objektiv und Aufnahmemodus kann die Funktionalität der Kombo allerdings eingeschränkt sein: Der Autofokus arbeitet nicht unter allen Bedingungen präzise.

J1 und V1: Die Unterschiede im Detail

Bis hierher habe ich fast immer von „Nikon 1" gesprochen, statt eine der beiden Kameras beim Namen zu nennen, und dies hat einen einfachen Grund: Alle bislang besprochenen Merkmale treffen für beide Kameras gleichermaßen zu. Der Bildsensor, der Bildprozessor, und logischerweise auch das Bajonett – alles ist zu einhundert Prozent identisch.

Dies bedeutet erstens, dass J1 und V1 die gleichen Objektive verwenden können (alles andere würde ja auch keinen Sinn machen). Viel wichtiger jedoch: Falls Sie noch unschlüssig sind, welche der beiden Kameras wohl besser für Sie geeignet ist, dann sind zwei wesentliche Fragen bereits beantwortet. Völlig egal, für welches Modell Sie sich entscheiden, Sie bekommen auf jeden Fall die exakt gleiche Bildqualität, und auch die exakt gleiche Geschwindigkeit.

Ebenfalls identisch sind auch die Videofähigkeiten sowie viele Ausstattungsmerkmale und weitere Funktionen, worauf wir später in diesem Buch noch näher eingehen werden. Wo liegen also die wesentlichen Unterschiede, denn es gibt ja eine nennenswerte Preisdifferenz zwischen den beiden Kameras? Zur Beantwortung zeige ich Ihnen die Unterschiede der Reihe nach auf.

Die nebenstehend abgebildeten Rückansichten sehen sich auf den ersten Blick sehr ähnlich. Die J1 (unten) wirkt aber noch etwas handlicher als die V1 (oben), und sie ist es tatsächlich auch, da sie sowohl in der Länge, der Breite und auch der Höhe jeweils etwas kleiner ist. Mangels Platz fällt deshalb allerdings die Grifffläche für den Daumen ❶ bei der J1 ebenfalls ein Stück kleiner aus.

Ausgezeichneter elektronischer Sucher der V1

Der wohl augenfälligste Unterschied befindet sich an der Oberseite der Kameras: Die V1 hat zusätzlich zum Farbdisplay auch einen elektronischen Sucher eingebaut, welcher der J1 fehlt. Ein Blick durch den Sucher lässt sich in einem Buch naturgemäß nicht abbilden, sodass ich Sie nun bitten muss, meiner Einschätzung zu vertrauen.

Ich fotografiere von Haus aus lieber mit dem Sucher als über das Display, weshalb ich auf einen guten Sucher sehr viel Wert lege. Ich gebe auch gerne zu, dass ich einen optischen Sucher bislang immer noch dem elektronischen Pendant vorziehe. Der Sucher der V1 jedoch hat mich erstmals zweifeln lassen, ob mein Urteil auch in Zukunft weiter Bestand haben wird. Mit 1.44 Millionen Bildpunkten löst der V1-Sucher sehr hoch auf, und liefert ein scharfes, detailreiches und brillantes Bild. Zudem fällt das Sucherbild recht groß aus, sodass es mit den optischen Varianten der meisten Amateur-Spiegelreflex-Kameras mithalten kann oder diese sogar in der Bildfeldgröße übertrifft.

Die Helligkeit der Anzeige wird automatisch an die Umgebungshelligkeit angepasst, was schnell und unmerklich geschieht. Wird die Helligkeit des Suchers sehr stark angehoben – weil sich die Kamera in einem dunklen Umfeld befindet – so kann sich leichtes Bildrauschen bemerkbar machen. Das ist aber erstens nur im Sucher zu sehen, und hat deshalb nichts mit dem späteren Foto zu tun, und bleibt zweitens so gering, dass es nicht störend wirkt.

Es lassen sich auch vielfältige Informationen ins Sucherbild einblenden, was bei einem optischen Sucher in dieser Fülle nicht möglich ist. Die wichtigsten Parameter (Belichtungsmessart, Zeit, Blende, ISO-Empfindlichkeit und verbleibende Aufnahmen) werden nach Art einer Spiegelreflex permanent am unteren Rand des Sucherbilds angezeigt. Weitere Parameter wie der Bildstil, die Bildqualität und vieles mehr lassen sich zusätzlich einblenden. Oder auch nicht – ganz wie man möchte. Mir persönlich gefällt der Sucher, ich finde ihn flexibel und qualitativ hochwertig. Für mich besteht kein Grund, einem optischen Sucher nachzutrauern.

Wie hilfreich ein Sucher sein kann, fällt dann auf, wenn das Sonnenlicht am Aufnahmeort so grell ist, dass auf dem Farbdisplay kaum noch etwas zu erkennen ist. Schaut man durch den Sucher, ist das Problem gelöst. Da die J1, wie bereits erwähnt, nicht über einen Sucher verfügt, sollten Sie also genau abwägen, was Ihnen lieber ist: Geld sparen und auf einen Sucher verzichten, oder mehr investieren, um dafür in den Genuss des hochwertigen V1-Suchers zu gelangen. Ich habe diese Frage für mich schon beantwortet; aber Sie müssen natürlich selbst entscheiden.

Eingebauter oder optionaler Blitz

Die Nikon 1 J1 hat einen kleinen Blitz eingebaut. Sie müssen ihn bei Bedarf manuell durch Verschieben des kleinen Schalters ❶ oben links auf der Rückseite der Kamera aktivieren; er schaltet sich nicht selbständig ein. Der Blitz fährt daraufhin relativ hoch aus dem Gehäuse heraus ❷ sodass er möglichst weit von der optischen Achse des Objektivs entfernt ist, was den Rote-Augen-Effekt verhindern kann.

Bedingt durch seine zierliche Größe hat es wenig Sinn, mit dem J1-Blitz ein Fußballstadion ausleuchten zu wollen. Für Aufhellblitze auf nähere Distanz eignet er sich jedoch recht gut. Schade allerdings, dass er sich weder schwenken noch drehen lässt, um indirekt blitzen zu können; aber das war wohl mechanisch nicht machbar.

Wenn Sie mit der V1 blitzen möchten, dann müssen Sie nochmals in die Tasche greifen und sich für rund 150 Euro den SB-N5 Blitz ❸ zulegen, denn einen eingebauten Blitz gibt's bei der V1 nicht. Der SB-N5 wird auf den Zubehörschuh der V1 gesteckt, der sich auf der linken Oberseite des Gehäuses, direkt neben dem Sucherokular, befindet. ❹ Normale Nikon-Systemblitze sind mangels Blitzschuh mit der V1 logischerweise nicht kompatibel. Der SB-N5 besitzt an seiner Unterseite die zum Zubehörschuh passenden

J1 UND V1 IM DETAIL

Kontakte ❺, sodass er mit der V1 kommunizieren kann. Ist der Blitz aufgesteckt, wird er automatisch verriegelt und so gesichert. Möchte man ihn wieder abnehmen, muss zuvor der kleine Entriegelungshebel am Blitzfuß ❻ betätigt werden, und der Blitz lässt sich abziehen.

Wenn Sie schon mit Systemblitzen fotografiert haben, dann ergeht es Ihnen beim ersten Kontakt mit dem SB-N5 vielleicht genauso wie mir: Ich habe das Batteriefach gesucht, denn ich hatte die Befürchtung, dass wegen der kleinen Größe des Blitzes teure Spezialbatterien oder -Akkus fällig werden. Das hat Nikon elegant gelöst: Der Blitz hat keine eigene Stromversorgung, sondern wird über den Kontaktschuh auch mit Strom (des Kamera-Akkus) versorgt.

Das ist enorm praktisch, denn so entfallen zusätzliche Akkus und ein weiters Ladegerät im Gepäck. Allerdings müssen Sie sich bewusst sein, dass der Stromverbrauch der V1 dadurch mehr oder weniger stark ansteigen wird; je nachdem, wie intensiv Sie den Blitz benutzen. Es ist daher sicher kein Fehler, sich mit dem Kauf des Blitzes auch einen zweiten Akku zuzulegen.

Die Bedienung des Blitzes könnte einfacher nicht sein: Sie können ihn ein- und ausschalten, ❼ mehr Bedienelemente hat er nicht. Alles andere wird zentral von der Kamera aus geregelt; wie genau das funktioniert, zeige ich Ihnen später in diesem Buch auf den Praxisseiten. Was mir am SB-N5 zweifellos am besten gefällt, ist die Tatsache, dass Nikon es trotz der zierlichen Abmessungen geschafft hat, den Blitzkopf in weiten Bereichen dreh- und schwenkbar zu lagern. ❽ Ganz genau so, wie Sie es von einem normalen Systemblitz gewohnt sind.

Damit ist der optionale SB-N5 der V1 natürlich viel flexibler als die eingebaute Variante der J1. Der SB-N5 ist zudem leistungsstärker und leuchtet durch den größeren Reflektor weicher aus. Eine Zoomfunktion, bei der der Blitz die Bündelung des Lichts je nach Brennweite des Objektivs anpasst, ist beim SB-N5 nicht vorhanden. Ich vermute, aufgrund der geringen Größe war dies nicht zu realisieren.

Unterschiede in der Bedienung

Da die J1 über einen eingebauten Blitz verfügt, die V1 jedoch nicht, ergibt sich eine kleine Abweichung bei den ansonsten absolut identischen Bedienelementen auf der Rückseite der Kameragehäuse. Erst bei genauem Blick auf den Multifunktionswähler fällt auf, dass dessen untere Position bei der V1 (oben) mit dem Kürzel „AF", bei der J1 (unten) hingegen mit einem Blitzsymbol versehen ist.

Bei der V1 stellen Sie hier den Fokus-Modus ein (automatisch, Einzelfokus, kontinuierlicher Fokus, manuell), bei der J1 erfolgt diese Auswahl über das Menü. Genau umgekehrt verhält es sich bei der J1: Hier stellen Sie am Multifunktionswähler den Blitzmodus ein (Aufhellblitz, Aufhellblitz plus Rote-Augen-Vorblitz, Aufhellblitz plus Rote-Augen-Vorblitz plus lange Verschlusszeit, Aufhellblitz plus lange Verschlusszeit, Blitz auf den zweiten Vorhang plus lange Verschlusszeit), während Sie diese Wahl bei der V1 im Menü treffen müssen. Natürlich sind die Auswahlmöglichkeiten für den Blitzmodus der V1 nur dann aktiv, wenn der SB-N5 auch aufgesteckt und eingeschaltet ist; ansonsten sind die betreffenden Menüpunkte ausgegraut (also deaktiviert).

GPS-Funktion exklusiv bei der V1

Am Zubehörschuh, über den ja nur die V1 verfügt, lässt sich jedoch nicht nur ein Blitz, sondern auch weiteres Zubehör mit den unterschiedlichsten Funktionen andocken. Zum Start des Nikon 1 Systems gibt's neben dem Blitz noch den GPS-Empfänger GP-N100 für rund 150 Euro, der bei der Aufnahme die geografischen Koordinaten des Aufnahmeortes direkt in die Exif-Daten der Fotos schreibt. Da das GPS-Modul klein und leicht ist und nur wehr wenig Strom (von der Kamera) braucht, können Sie es stets auf der V1 aufgesteckt lassen, wenn Sie möchten.

Ein Nachteil des Zubehörschuh-Konzepts sollte nicht verschwiegen werden: Prinzipbedingt lässt sich immer nur ein einziges Zubehörteil verwenden. Ein Foto mit GPS und gleichzeitigem Aufhellblitz, oder eine andere Kombination künftiger Module, ist somit in keinem Fall möglich.

Displays in unterschiedlicher Ausführung

Beide Kameras verfügen über ein Display mit 7,5 Zentimeter (drei Zoll) Diagonale. Während dessen Auflösung bei der J1 460.000 RGB-Bildpunkte beträgt, ist in die V1 ein Display mit 921.000 RGB-Pixel eingebaut. Somit wäre klar, wer auf dem Papier überlegen ist, doch was bedeutet das in der Praxis? Deshalb ein kleines Experiment: Ich habe eines meiner Objektive als Motiv aufgebaut, beide Kameras (nacheinander) auf ein Stativ montiert, und dann unter identischen Lichtverhältnissen und mit gleichen Kameraeinstellungen mein Motiv anvisiert und auf dessen Bezeichnung scharf gestellt. Gleichzeitig hatte ich hinter der jeweiligen Kamera meine mit einem knackscharfen Makro-Objektiv bestückte Nikon D7000 ebenfalls auf einem Stativ aufgebaut. Dann habe ich die Display-Anzeige beider Kameras, natürlich in höchster Auflösung, abfotografiert. Das Ergebnis, jeweils als 100-Prozent-Ausschnittsvergrößerung aus dem Gesamtbild, sehen Sie links abgebildet.

Das V1-Display (unten) zeigt hierbei sichtbar mehr Details und wirkt auch um einiges schärfer und kontrastreicher als das Display der J1 (oben). Die höhere Pixelzahl macht sich also nicht nur auf dem Papier gut, sondern ist auch praktisch wahrnehmbar. Dennoch kein Grund, das J1-Display als schlecht abzutun: Der Unterschied tritt nur im direkten Vergleich, und dann auch nur bei einer solch extremen Ausschnittvergrößerung, so deutlich zu Tage. Im täglichen Gebrauch leistet auch das J1-Display mehr als gute Dienste, die Schärfebeurteilung eines Fotos mit dem V1-Display kann natürlich noch etwas besser gelingen.

Unterschiedliche Akkuleistung

Zur Stromversorgung besitzt die V1 einen Akku mit 1.900 mAh (links), in die J1 kommt ein äußerlich und in der Leistung deutlich kleinerer Akku mit 1.020 mAh (rechts). Laut Nikon erschöpft sich der Akku der V1 nach 400 Fotos, bei der J1 nach 230 Aufnahmen. In der Praxis habe ich jedoch mit beiden Kameras deutlich mehr Fotos schießen können, bevor ein Ladevorgang fällig war. Nikon hat die Angaben offensichtlich ziemlich konservativ berechnet.

Verschiedene Gehäusematerialien

Beide Kameras fassen sich sehr angenehm an und vermitteln ein Gefühl von Hochwertigkeit. Die Gehäuse sind exzellent verarbeitet, alle Einzelteile sitzen passgenau zueinander – nichts wackelt, nichts klappert. Das Rändelrad zur Programmwahl sowie die Bedienknöpfe besitzen bei beiden Modellen gute Druck- und Einrastpunkte – vorbildlich.

Dennoch gibt es Unterschiede. Das Gehäuse der J1 besteht aus Aluminium; kleine Bereiche wie etwa die Verschlussklappe für das Batteriefach sind aus Hartplastik. Damit muss sich die J1 vor keiner Konkurrenz verstecken, denn

diese Bauweise ist auf hohem Niveau und steht für Robustheit und Langlebigkeit. Bei den Materialien für die V1 setzt Nikon aber noch eins drauf: Hier besteht ein Großteil des Gehäuses – hauptsächlich die Vorder- und die Oberseite, siehe Abbildung links – aus einer Magnesiumlegierung, wie sie sonst nur bei Spiegelreflexkameras der Ober- und Profiklasse verwendet wird. Das restliche Gehäuse der V1 ist, wie bei der J1 auch, in Aluminium ausgeführt.

Verschiedene Verschlussarten bei Nikon 1

Was ist überhaupt ein Verschluss? Es gibt zwei Arten: Da wäre zunächst der mechanische Verschluss. Er besteht aus zwei so genannten Vorhängen. Der erste Vorhang deckt den Sensor vor der Aufnahme komplett ab. Drückt man den Auslöser, gibt er das Bild blitzschnell frei. Kurze Zeit später deckt der zweite Vorhang den Sensor genauso schnell wieder ab. Die Zeitspanne zwischen beiden Vorhängen, in der Licht auf den Sensor fällt, ist die Verschlusszeit.

Mit der Digitalfotografie kam eine zweite Verschlussart ins Spiel, die genau genommen gar keine ist, denn hier gibt es keine bewegten mechanischen Teile. Beim elektronischen Verschluss kommen zwei elektronische Ladungsspeicher zum Einsatz, die direkt auf dem Sensor verbaut sind. Vor dem Auslösen leert die Kameraelektronik beide Speicher komplett. Beim Auslösevorgang sammelt der Sensor die ankommenden Bildinformationen im ersten Ladungsspeicher, bis ein Steuersignal ihm sagt, dass die Belichtungszeit erreicht ist. Dann wird der komplette Inhalt des ersten Speichers in einem Zug an den zweiten Speicher übergeben und erst von dort in den Kameraspeicher übertragen.

Wo liegen nun die Vor- und Nachteile beider Versionen? Der mechanische Verschluss kann rein theoretisch das bessere Foto erzeugen. Einfach deshalb, weil das einfallende Licht durch die Vorhänge nur rein mechanisch (zeitlich) begrenzt wird. Dafür sind der Mechanik physikalische Grenzen gesetzt, denn ultrakurze Belichtungszeiten sind so nicht zu erreichen. Der elektronische Verschluss hingegen hat – unter gewissen Aufnahmebedingungen – mit möglicherweise entstehenden Bildfehlern zu kämpfen, weil elektrische Ladungen, wie sie bei diesem Vorgang entstehen, nicht hundertprozentig kontrollierbar sind. Dafür hat der elektronische Verschluss den großen Vorteil, dass sich mit ihm auch extrem kurze Belichtungszeiten erzielen lassen, da ja keinerlei Mechanik bewegt werden muss.

Diese Beschreibungen sind zwar vereinfacht, reichen aber als Hintergrund für die nun folgenden Informationen zu den Nikon 1 Verschlüssen mehr als aus – soviel Tech-Talk wie nötig, aber so wenig wie möglich, meinen Sie nicht auch?

So sieht im Menü der J1 die Einstellung für die Serienaufnahme aus: Sie können zwischen Einzelbildern, Serienbildern oder Serienbildern mit sehr hoher Geschwindigkeit (30 B/s oder 60 B/s) wählen.

Kehren wir konkret zu Nikon 1 zurück. Bei der J1 ist die Sache recht einfach: Sie hat nur einen elektronischen Verschluss, aber keine mechanische Variante eingebaut. Ich habe Nikon nach dem Warum nicht befragt, denn der Grund liegt auf der Hand: Ein mechanischer Verschluss kostet Geld, und irgendwo muss der günstigere Preis der J1 ja herkommen. Dennoch sage ich: Kein Grund zur Sorge, denn inzwischen ist der elektronische Verschluss so ausgereift, dass die Fälle, bei denen Bildfehler leichter entstehen könnten als bei einem mechanischen Verschluss, nahezu zu vernachlässigen sind. Zumal Nikon den CX-Sensor ja komplett neu konstruiert hat, und deshalb wohl auch besonderes Augenmerk auf einen möglichst fehlerfrei funktionierenden elektronischen Verschluss gelegt haben dürfte. Bei der deutlich teureren V1 kann Nikon sich spendabler

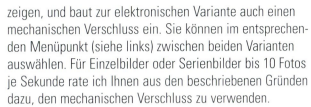

zeigen, und baut zur elektronischen Variante auch einen mechanischen Verschluss ein. Sie können im entsprechenden Menüpunkt (siehe links) zwischen beiden Varianten auswählen. Für Einzelbilder oder Serienbilder bis 10 Fotos je Sekunde rate ich Ihnen aus den beschriebenen Gründen dazu, den mechanischen Verschluss zu verwenden.

Es sei denn, Sie möchten akustisch möglichst nicht stören oder auffallen, etwa wenn Sie in einer Kirche fotografieren. Der mechanische Verschluss erzeugt immer ein Geräusch, während der elektronische Verschluss mangels bewegter Teile prinzipiell lautlos arbeitet. Um Ihnen aber eine akustische Rückmeldung darüber zu geben, dass das Foto geschossen wurde, ist trotzdem ein (künstlich erzeugtes) Verschlussgeräusch zu hören. Dieses müssen Sie zum lautlosen Fotografieren deaktivieren, wie links zu sehen. Dies gilt übrigens genauso, wenn eine lautlose J1 gefragt ist.

Möchten Sie die Serienbildgeschwindigkeiten von 30 oder gar 60 Fotos pro Sekunde verwenden, wie links zu sehen, dann haben Sie auch bei der V1 keine Wahl. Es geht nur, wenn die Verschlussart „Elektronisch (Hi)" eingestellt ist.

Und noch ein letzter Aspekt im Zusammenhang mit den beiden Verschlussarten: Arbeitet die V1 mit mechanischem Verschluss, beträgt die kürzeste Blitzsynchronzeit 1/250 Sekunde. Bei der J1 hingegen, oder wenn die V1 den elektronischen Verschluss verwendet, sinkt die Synchronzeit auf 1/60 Sekunde ab. Für Blitzfotos mit der V1 sollten Sie daher immer den mechanischen Verschluss einstellen.

Unterschiedliche Anschlüsse

Bei der J1 sind ein Standard-USB-Anschluss sowie ein Mini-HDMI-Anschluss vorhanden (links). Den Mini-HDMI-Anschluss besitzt die V1 ebenfalls (rechts). Hinzu kommt ein Mini-USB-Anschluss, der gleichzeitig auch als A/V (Audio-/ Video-) Ausgang dient, sowie ein Anschluss für ein externes Mikrofon. Den fehlenden A/V-Anschluss der J1 mag man noch verschmerzen, aber ich persönlich hätte es gut gefunden, wenn auch hier ein Mikrofon anschließbar wäre. Nach so vielen Informationen über technische Details und

J1 UND V1 IM DETAIL

Unterschiede in der Ausstattung beider Kameras finde ich es wieder an der Zeit, Fotos für sich sprechen zu lassen. Nachfolgend die Ergebnisse eines Ausflugs in das Umland von München. Ich hatte Glück, es war ein wunderschöner Herbsttag. Erneut bestand meine Ausrüstung aus der Nikon 1 V1 mit dem 10-30 Millimeter-Objektiv; weiteres Zubehör stand mir zu diesem Zeitpunkt leider noch nicht zur Verfügung. Die Fotos entstanden bereits mehrere Wochen vor dem Verkaufsstart des neuen Systems, voll funktionsfähige Geräte waren zu diesem frühen Zeitpunkt noch äußerst rar.

Ich war darüber aber nicht sehr betrübt, denn so kann ich Ihnen anhand meiner Fotos zeigen, dass man mit Nikon 1 auch ohne prall gefüllte Fototasche jedes Motiv in hoher Qualität festhalten kann. Zudem habe ich die Kompaktheit und das geringe Gewicht sehr zu schätzen gelernt: Normalerweise schmerzen Rücken und Schulter, wenn ich von einer längeren Fototour nach Hause komme – diesmal nicht. Ich habe die Kamera in der Motivautomatik wieder einfach machen lassen; die Fotos wurden nicht nachbearbeitet.

• 1/160s, f3,5, ISO 100, 12mm (32mm KB)

J1 UND V1 IM DETAIL

- 1/800s, f5,0, ISO 100, 10mm (27mm KB)

- 1/100s, f3,5, ISO 200, 11mm (30mm KB)

J1 UND V1 IM DETAIL

- 1/100s, f5,6, ISO 200, 26mm (70mm KB)

- 1/100s, f5,6, ISO 100, 30mm (81mm KB)

J1 UND V1 IM DETAIL

• 1/800s, f8, ISO 100, 10mm (27mm KB)

• 1/200s, f5,6, ISO 100, 28mm (76mm KB)

• 1/80s, f3,5, ISO 200, 11,5mm (31mm KB)

DIE OBJEKTIVE

Das Angebot an Objektiven

Auf den Seiten 12 und 13 haben Sie bereits gesehen, welche Objektive mehr oder weniger gleichzeitig mit dem Start von Nikon 1 auf den Markt kommen. Bei beiden Kameras ist das Gehäuse zunächst nicht allein erhältlich, sodass Sie auf jeden Fall ein Set („Kit") mit einem oder mehreren Objektiven erwerben müssen. Das macht im Fall eines neuen Systems Sinn, denn Sie können ja nicht auf ihre vorhandenen Objektive zurückgreifen. Um Ihnen die Qual der Wahl des passenden Set etwas zu erleichtern, stelle ich Ihnen die Nikon 1 Objektive im Detail vor.

1 Nikkor VR 10-30 mm; 199,00 EUR; hier in trendigem Rot

Einzeln kostet es knapp 200 Euro. Für das Set mit der J1 werden knapp 600 Euro verlangt; zusammen mit der V1 wandern 870 Euro in die Kasse des Händlers. Es handelt sich um ein so genanntes Standardzoom, das einen Kleinbild-Brennweitenbereich zwischen 27 und 81 Millimeter abdeckt. Damit können Sie bereits sehr viele fotografische Aufgaben lösen, wie Ihnen meine Beispielfotos verdeutlichen. Das Objektiv ist klein und handlich, auch wenn es im

DIE OBJEKTIVE

Praxisbetrieb noch ein ganzes Stück ausfährt (wie auch das unten stehende Tele). Bei diesem Objektiv gibt es nicht viel zu überlegen: Sie sollten es auf jeden Fall erwerben, denn ohne Standardzoom kommen Sie nicht allzu weit.

1 Nikkor VR 30-110 mm; 249,00 EUR; silber

Als perfekte Ergänzung zum Standardzoom bietet sich das 30-110mm Tele an. Es knüpft nahtlos bei 81 Millimeter (Kleinbild) an, und geht hinauf bis zu stattlichen 297 Millimeter (KB). Mit knapp 250 Euro ist es nicht übermäßig teuer. Falls Sie aber bereits von Anfang an wissen, dass Sie das Tele auf jeden Fall haben möchten, dann sollten Sie es zusammen mit der Kamera und dem 10-30mm Zoom im so genannten Doppelkit erwerben. In diesem Fall kostet das Tele nämlich nur noch 160 Euro.

Beide Objektive haben einen optischen Bildstabilisator eingebaut. Dessen Funktion und Arbeitsweise wird im Menü der jeweiligen Kamera eingestellt.

DIE OBJEKTIVE

1 Nikkor 10 mm; 249,00 EUR; Ausführung in pink

Möchten Sie es gerne so handlich und so leicht wie möglich, dann sollten Sie einen Blick auf die 10 Millimeter Festbrennweite (entspricht 27 mm Kleinbild) werfen. Neben den filigranen Abmessungen – hier fährt nichts heraus – bekommen Sie auch eine höhere Lichtstärke als bei den Zooms. Als weitwinklige Brennweite eignet sich das wegen seiner flachen Bauweise auch „Pancake", also Pfannkuchen, genannte Objektiv sehr gut bei der Reportage- oder Street-Fotografie, oder wenn Sie bei wenig Licht ohne Blitz fotografieren möchten. Auf einen Bildstabilisator müssen Sie verzichten; dieser ist bei einer solchen Brennweite aber auch nicht notwendig.

Das Power Drive-Objektiv wird nicht im Set mit einer Kamera angeboten; es muss gesondert erworben werden.

1 Nikkor VR 10-100 mm PD; 759,00 EUR

Als ziemlicher Brocken, jedenfalls im direkten Vergleich zu den anderen Objektiven, erweist sich das links abgebildete Zoom. Es deckt dafür jedoch einen großen Brennweitenbereich zwischen 27 Millimeter und 270 Millimeter (Kleinbild) ab. Damit bekommen Sie in nur einem Objektiv nahezu denselben Bereich, für den sonst das 10-30 mm und das 30-110 mm notwenig wären.

Wenn Sie nachrechnen stellen Sie fest, dass dieses Zoom über 300 Euro teurer ist als die beiden anderen Objektive zusammen. Die Erklärung der hohen Preisdifferenz liegt in der besonderen Ausstattung des Zooms, auf die das Kürzel „PD" hindeutet: Es steht für „Power Drive", einen motorgetriebenen Zoom, wie ihn Videokameras besitzen. Dies gibt Ihnen die Möglichkeit, weiche – und in der Geschwindigkeit regelbare – Zoomfahrten zu realisieren, wie es beim Videodreh unerlässlich ist. Damit wäre der hauptsächliche

DIE OBJEKTIVE

Einsatzzweck dieses Objektivs klar: Es richtet sich an denjenigen, der mit seiner J1 oder V1 vermehrt die Videofunktionen nutzen möchte.

Kamera	Objektiv(e)	Setpreis (UVP)*
Nikon 1 V1	10-30 mm	869,00 EUR
Nikon 1 V1	10 mm „Pancake"	919,00 EUR
Nikon 1 V1	10-30 mm plus 30-110 mm	1.029,00 EUR
Nikon 1 V1	10-30 mm plus 10 mm „Pancake"	1.029,00 EUR
Nikon 1 J1	10-30 mm	599,00 EUR
Nikon 1 J1	10 mm „Pancake"	649,00 EUR
Nikon 1 J1	10-30 mm plus 30-110 mm	759,00 EUR
Nikon 1 J1	10-30 mm plus 30-110 mm plus Lederriemen und Einschlagtuch	809,00 EUR
Nikon 1 J1	10-30 mm plus 10 mm „Pancake"	759,00 EUR

* Stand Dezember 2011

Diese Sets sind im Handel erhältlich

Wie ich auf den vorherigen Seiten schon erwähnt habe, bietet Nikon diverse Pakete mit einem oder mehreren Objektiven an, mit denen sich gegenüber dem Einzelkauf deutlich sparen lässt. Um Ihnen einen besseren Überblick zu geben habe ich eine Tabelle vorbereitet, in der die zum Verkaufsstart erhältlichen Kombinationen mit ihren jeweiligen Preisempfehlungen aufgelistet sind.

Handlich mit Pancake (links) oder perfekt ausgerüstet für den Videodreh (rechts)? Die beste Kombination aus Kamera und Objektiv(en) hängt nur von Ihren persönlichen Wünschen und Anforderungen ab, wobei auch das Budget sicherlich eine Rolle spielt.

DIE BILDQUALITÄT

Die Bildqualität von Nikon 1

Auf den vorhergehenden Seiten haben Sie einiges über das Nikon 1 System erfahren. Die Entstehungsgeschichte, die Technik der Kameras, die Unterschiede zwischen der J1 und der V1 in Ausstattung und Bedienung, sowie das zum Verkaufsstart erhältliche Zubehör- und Objektivangebot. Sie verfügen also bereits jetzt über eine solide Basis, auf der Sie Ihre Kaufentscheidung aufbauen können. Das reicht Ihnen noch nicht ganz aus? Gut, dann möchte ich Ihnen nachfolgend gerne weitere Anhaltspunkte liefern.

Nikon 1 V1 (oben) gegen Nikon D5100 (unten): Wie schlägt sich das neue System gegen eine DSLR aus dem eigenen Haus?

Ein sehr wesentlicher Aspekt einer jeden Kamera ist zweifellos ihre Bildqualität. Meine Praxisfotos (die Sie bereits gesehen haben und die Sie später im Buch noch finden werden) sagen schon viel über die Leistungsfähigkeit der Kameras aus, wie ich meine. Um die Qualität jedoch noch besser einschätzen zu können, und zudem einen Vergleich zu einer normalen Spiegelreflex liefern zu können, habe ich mit dem Fachmagazin „Fototest" zusammenarbeiten dürfen. Dr. Artur Landt, Herausgeber und Chefredakteur von Fototest, war so freundlich, mir dazu Aufnahmen aus seinem professionellen Testlabor zur Verfügung zu stellen, wofür ich mich an dieser Stelle ganz herzlich bedanken möchte.

Zum Duell habe ich eine Nikon D5100 gewählt. Die Spiegelreflex hat in den Tests von Dr. Landt in der Bildqualität hervorragend abgeschnitten, stammt aus gleichem Hause wie Nikon 1, und liegt preislich in etwa derselben Klasse – ich wollte nicht Äpfel mit Birnen vergleichen. Ein wenig lässt sich dies aber trotzdem nicht vermeiden, denn gegen den vergleichsweise kleinen 10-Megapixel-Sensor von Nikon 1 tritt der deutlich größere APS-C-Sensor der D5100 an, der zudem mit 16 Millionen Bildpunkten auflöst.

Dennoch macht dieses Duell absolut Sinn, denn der Labor-Vergleichstest zeigt gnadenlos und in aller Deutlichkeit auf, wie es um die Bildqualität von Nikon 1 bestellt ist. Doch genug geredet; jetzt sollen die Laborfotos sprechen. Was sie genau aussagen, und welche Schlüsse Sie daraus ziehen können, möchte ich Ihnen gerne anhand meiner Kommentare zu den jeweiligen Testfotos näher erläutern.

DIE BILDQUALITÄT

Nikon 1 V1 ISO 100: Bildrauschen ist nicht erkennbar, die Details werden sehr gut aufgelöst.

Nikon D5100 ISO 100: Auch hier ist keinerlei Bildrauschen feststellbar. Ebenfalls sehr gute Detailauflösung.

Nikon 1 V1 ISO 200: Auch bei dieser Empfindlichkeit spielt Bildrauschen noch keine Rolle. Die hohe Auflösung bleibt vollständig erhalten.

Nikon D5100 ISO 200: Kein sichtbarer Unterschied zu ISO 100. Details werden weiter hoch aufgelöst, Bildrauschen ist nicht wahrnehmbar.

Nikon 1 V1 ISO 400: Auch bei der nochmals höheren Empfindlichkeit sinkt die Auflösung nicht ab. Etwas stärkeres Rauschen messbar, aber in der Praxis nicht sichtbar.

Nikon D5100 ISO 400: Diese Empfindlichkeitsstufe meistert die D5100 ebenfalls mit Bravour: Kein sichtbares Rauschen, beständig hohe Detailauflösung.

DIE BILDQUALITÄT

Nikon 1 V1 ISO 800: Zu meiner Verblüffung ist auch jetzt noch kein Absinken der Auflösung feststellbar. Das Bildrauschen steigt etwas an, ist aber immer noch sehr gering.

Nikon D5100 ISO 800: Minimales Absinken der Auflösung, minimale Erhöhung des Rauschens. Beides ist im Labor messbar, aber in der Praxis nicht zu sehen.

Nikon 1 V1 ISO 1.600: Erstmals lässt die Auflösung etwas, aber keineswegs dramatisch, nach. Erhöhtes Bildrauschen ist messbar, bleibt aber immer noch im Rahmen.

Nikon D5100 ISO 1.600: Auch bei der D5100 sinkt die Auflösung bei steigendem Rauschen. Beide Veränderungen sind nur sehr gering; die Bildqualität bleibt auf hohem Niveau.

Nikon 1 V1 ISO 3.200: Auflösung rund 10 Prozent unter dem ISO 100 Wert. Bildrauschen rund 50 Prozent darüber. Beide Werte sind aber dennoch erstaunlich gut!

Nikon D5100 ISO 3.200: Etwas mehr Bildrauschen bei etwas weniger Auflösung. In der Praxis aber dürften die ISO 3.200-Aufnahmen in fast allen Fällen absolut brauchbar sein.

DIE BILDQUALITÄT

Nikon 1 V1 Hi1 (ISO 6.400): Beim elektronisch verstärkten Maximum sinkt die Auflösung ab, das Rauschen steigt stärker. Diese Einstellung besser nur im Notfall verwenden.

Nikon D5100 ISO 6.400: Obwohl die D5100 sich noch höher einstellen lässt, ist nun auch hier stärkeres Rauschen bei geringerer Auflösung zu sehen. Dennoch meist brauchbar.

Bevor ich Sie wieder, wie schon bei den ersten Praxisfotos auf Seite 20, frage, wie Sie die Leistung von Nikon 1 beurteilen, möchte ich Ihnen noch ein paar zusätzliche Informationen zu den Labortestfotos geben.

Sie sehen in den jeweiligen Fotos keineswegs den gesamten Testaufbau, sondern nur einen kleinen Ausschnitt daraus (siehe rot umrandeter Bereich auf dem nebenstehenden Testfoto), der zudem hier im Buch mit hoher Vergrößerung abgedruckt wird. Hinzu kommt, dass die Bildinhalte dieser Ausschnittsvergrößerung – die glänzende Figur, der schwarze Stoff, das Muster und die Farben der Tasse, die feinen Details des Fächers sowie das Lochblech im Hintergrund – jeden Fehler schonungslos aufdecken.

Vor diesem Hintergrund bitte ich Sie nun darum, die Testfotos mit den Praxisfotos dieses Buches zu vergleichen. Blättern Sie dazu einfach mal hin und her. Ich denke, Sie werden zu dem gleichen Ergebnis kommen wie ich: Die Nikon-Ingenieure haben einen großartigen Job gemacht. Ja, die Auflösung ist geringer als bei einer aktuellen DSLR, und ja, das Bildrauschen tritt bei höheren ISO-Empfindlichkeiten stärker zu Tage. In der Praxis ist Nikon 1 aber absolut dazu in der Lage, die fotografischen Anforderungen eines Amateurs zu meistern. Hinzu kommt der Vorteil der Handlichkeit und des geringen Gewichts, sowie – nicht zu vergessen – die extrem hohe Geschwindigkeit und der exzellente Autofokus. Ist Nikon 1 also eine echte Alternative zu anderen Formen von Digitalkameras? Ich glaube: ja!

Falls Sie übrigens Testfotos der J1 vermisst haben sollten: Natürlich hat „Fototest" auch diese Kamera im Labor gehabt. Die Unterschiede zwischen der J1 und der V1 fallen allerdings so gering aus, dass diese in die Bereiche der Serienstreuung sowie der Messtoleranz fallen und in der Praxis absolut keine Rolle spielen. Anders ausgedrückt: Meine auf Seite 33 aufgestellte Behauptung, die Bildqualität beider Nikon 1 Kameras sei absolut gleich, ist damit auch von „amtlicher Seite" untermauert.

Für wen ist Nikon 1 geeignet?

Die Beantwortung dieser Frage hängt stark davon ab, von welcher Seite aus sie gestellt wird. Dazu möchte ich drei Gruppen von Interessenten bilden; zu welcher davon Sie gehören, werden Sie schnell selbst feststellen können.

Gruppe eins: Ausgangspunkt Kompaktkamera

Sie haben bislang mit einer Kompakten fotografiert und Spaß an diesem Hobby gefunden; aber Sie wollen mehr. Die begrenzten Möglichkeiten der winzigen Sensoren von Kompaktkameras stellen Sie ebenso wenig zufrieden wie die Tatsache, dass Sie das Objektiv bei Bedarf nicht wechseln können. Auf der anderen Seite möchten Sie die Handlichkeit und Kompaktheit nicht gegen eine große, unhandliche Fototasche tauschen, um damit künftig Ihre voluminöse und schwere DSLR-Ausstattung zu schleppen.

Von der Kompakten zur Systemkamera, ohne dabei das Gepäck übermäßig zu vergrößern: Ganz bestimmt ein empfehlenswerter Schritt.

Gruppe zwei: Nicht immer nur DSLR

Eigentlich sind Sie ein überzeugter Spiegelreflex-Fotograf. Eigentlich sind Sie mit Ihrer DSLR hoch zufrieden und haben deshalb eigentlich gar keinen triftigen Grund, sich für Nikon 1 zu interessieren. Eigentlich. Insgeheim ist es aber so, dass auch Sie sich ab und an leichteres Gepäck wünschen. Eine handlichere Kamera, die man mal eben so mitnehmen kann. Oder eine etwas unauffälligere Kamera. Allerdings möchten Sie die nahezu unbegrenzten Möglichkeiten, die Ihnen eine DSLR bietet, die hohe Bildqualität sowie die wechselbaren Objektive keinesfalls missen.

Neben der recht großen und schweren DSLR (rechts) kommt noch eine kleinere und handlichere Systemkamera dazu (oben), ohne aber zu viele Kompromisse bei der Ausstattung und in der Leistung eingehen zu müssen. Auch so wird ein Schuh daraus.

Gruppe drei: Die erste Digitalkamera – aber richtig

Sie haben begonnen, sich für die Digitalfotografie zu interessieren, und möchten sich nun eine Kamera kaufen. Aber Sie wollen nicht den Fehler machen, den Sie eventuell bei Bekannten erlebt haben: Sich erstmal nur irgend eine Knipse zuzulegen. Denn Sie wissen genau, dass Sie das nicht zufriedenstellen wird, weil die zu erwartenden (mäßigen) Ergebnisse den Spaß am neuen Hobby nicht fördern werden, sondern höchstens ziemlich schnell vermiesen dürften.

Die Charakteristika einer der drei typischen Gruppen, die ich auf der vorherigen Doppelseite beschrieben habe, dürften auf Sie zutreffen. Egal, in welche Gruppe Sie sich selbst einordnen: Die Lösung, nach der Sie suchen, könnte „Nikon 1" lauten. Damit meine ich natürlich nicht, dass Nikon 1 die berühmte eierlegende Wollmilchsau ist, die alle Ansprüche jedes Hobbyfotografen erfüllen kann. Und, machen wir uns nichts vor: Von anderen Herstellern gibt es ebenfalls Kameras, die Ihnen gefallen könnten. Nikon 1 muss nicht zwingend die Lösung sein, ist aber zweifellos vielseitig genug, unterschiedliche Wünsche zu erfüllen.

Für wen ist Nikon 1 nicht geeignet?

Diesen Abschnitt schreibe ich nur der Vollständigkeit halber. Zwar besteht natürlich die Möglichkeit, dass Nikon 1 für Sie eher nicht infrage kommt. Doch dann hätten Sie dieses Buch wohl nicht in der Hand. Wie dem auch sei: Nicht empfehlen würde ich Nikon 1 für zwei Personengruppen.

Gruppe eins: Der Knipser

Sie halten einfach mal drauf, meist einhändig am ausgestreckten Arm, und hoffen darauf, dass unter den Fotos, die Sie schießen, auch einige brauchbare dabei sind. Alles Weitere ist Ihnen ziemlich egal. Nicht dass Sie mich falsch verstehen: Natürlich kann man auch so Fotos machen. Doch für diese Gruppe wäre Nikon 1 zu groß – es gibt viel kleinere Kompakte – und wohl auch zu teuer. Natürlich gelingen auch mit Nikon 1 Schnappschüsse; sogar besonders gut. Dennoch rate ich sogenannten Knipsern: Eine Kompaktkamera wird Sie wahrscheinlich glücklicher machen.

Gruppe zwei: Der Perfektionist

Sie möchten alles kontrollieren und alles selbst einstellen; Automatiken sind Ihnen ein Graus. Zwar können Sie auch mit einer Nikon 1 manuell fotografieren: Manuelle Belichtung und manueller Fokus sind kein Problem. Dennoch wird Ihnen dieses System auf Dauer nicht das geben, was Sie möchten, denn Automatiken sind ein wesentlicher Bestandteil des Konzepts. Greifen Sie besser zur Spiegelreflex.

FUR WEN IST NIKON 1

• Nikon 1 V1, 1/640s, f6,3, ISO 100, 10mm (27mm KB)

Die Bedienung der Nikon 1 Kameras

Nachdem wir uns bislang mit der Charakterisierung des Systems, dessen technischen Daten, dem zum Start erhältlichen Zubehör sowie der Leistungsfähigkeit von Nikon 1 beschäftigt haben, ist es an der Zeit, sich um die Praxis zu kümmern. Wie lässt sich eine Nikon 1 bedienen, wie sieht der „Workflow" aus, um es einmal so zu nennen?

Fangen wir dazu mit den Bedienelementen an. Sofern bei der J1 und der V1 Gemeinsamkeiten herrschen, was sehr oft der Fall ist, werde ich beide Kameras wie eine behandeln. Sobald es Unterschiede gibt, weise ich natürlich auf diese hin und gehe auf jedes Modell gesondert ein.

Bedienelemente

Auf der Vorderseite gibt es bei beiden Modellen nicht allzu viel zu entdecken, lediglich zwei Funktionsknöpfe sind dort platziert. Zum einen ist dies der Entriegelungsknopf ❶ für das Objektiv. Dessen Funktion dürfte klar sein: Möchten Sie das Objektiv wechseln, so muss dieser Knopf gedrückt werden, damit sich der Arretierungsmechanismus löst und das Objektiv durch eine Drehung abgenommen werden kann. Setzen Sie ein anderes Objektiv an, muss der Knopf nicht gedrückt werden; das Objektiv rastet automatisch ein.

DIE BEDIENUNG

Das zweite Bedienelement befindet sich am Objektiv selbst ❷; in diesem Fall am 10-30 Millimeter-Zoom. Da das Objektiv bei Nichtgebrauch und/oder zum Transport platzsparend eingefahren wird, muss es zum Fotografieren erst in die Betriebsposition ausgefahren werden (siehe links). Dazu drücken Sie den Knopf ❷ herunter und drehen gleichzeitig am Objektiv. Sehr praktisch: Die Kamera schaltet sich dabei automatisch ein, und ist sofort betriebsbereit.

Allerdings verfügen nur zwei der zum Start erhältlichen Objektive über diesen Knopf: Das abgebildete 10-30 mm sowie das 30-110 mm Tele, das ebenfalls zum Fotografieren ausgefahren wird. Beim Pancake ist dieser Knopf nicht vorhanden, da es sich um eine Festbrennweite handelt und somit natürlich auch nichts ausfahren muss. Beim 10-100 mm PD-Zoom hingegen fehlt der Knopf, da dort kein manueller Zoomring, sondern ein motorischer Zoom eingebaut ist.

Auch auf der Kamera-Oberseite geht es übersichtlich zu. Der Ein- / Ausschalter ❸ sitzt weit Richtung Mitte platziert; direkt links daneben ist eine kleine LED, die bei eingeschalteter Kamera aufleuchtet und im Ruhemodus blinkt. Der große Knopf in der Mitte des Trios ist der Auslöser ❹. Jedoch nur für die Fotos: Ganz rechts sitzt ein etwas kleinerer Knopf mit einem roten Punkt ❺, und der ist ausschließlich zum Starten der Videoaufnahmen zuständig.

Links oben auf dem Gehäuse gibt es bei beiden Kameras zwar keine Bedienelemente im eigentlichen Sinne, aber einen großen Unterschied, auf den ich hier nochmals hinweisen möchte: Während die J1 unter der Abdeckung ❻ ihren Blitz beherbergt, sitzt bei der V1 an dieser Stelle die Abdeckklappe für den Systemschuh ❼, an dem sich der Blitz, der GPS-Empfänger sowie künftiges Zubehör andocken lassen.

DIE BEDIENUNG

Widmen wir uns nun der zweifellos spannendsten Seite beider Kameras, der Rückseite.

Nikon 1 V1 *Nikon 1 J1*

Mit dem Programmwählrad ❶ bestimmen Sie die grundsätzliche Aufnahmeart der Kamera. Zum normalen Fotografieren steht dieses, wie hier abgebildet, auf der Position mit dem grünen Symbol. Direkt darunter, am Piktogramm der kleinen Videokamera mit Stativ zu erkennen, stellen Sie den Videomodus ein, um Bewegtbilder festzuhalten. Soweit die Modi, die Sie von jeder anderen Kamera auch kennen.

Doch beide Nikons haben darüber hinaus noch zwei besondere Aufnahmemodi zu bieten, die es in dieser Form und Kombination so noch nicht gegeben hat. Wenn Sie die Kamera auf das oberste Symbol (siehe links) einstellen, wird der bewegte Schnappschuss aktiviert. Aber was bitteschön muss man sich darunter vorstellen? Eine sehr nette Betriebsart, wie ich finde. Das funktioniert so: Die Kamera

DIE BEDIENUNG

nimmt gleichzeitig ein kurzes Filmchen in Zeitlupe sowie ein normales Foto auf. Beide Elemente werden danach automatisch – und unglaublich schnell – zu einer Sequenz kombiniert, bei der die Bewegtbilder quasi in das Standbild hinein laufen. Leider kann ich ihnen dies hier im Buch naturgemäß nicht vorführen. Aber glauben Sie mit bitte: Dieser Effekt macht sehr viel Spaß und sorgt im Freundeskreis oder auf einer Party für viele „aaah"s und „oooh"s. Sie können zudem unter vier verschiedenen Themen auswählen. Was sich hinter den Fantasienamen genau verbirgt, müssen Sie allerdings selbst herausfinden.

Auch recht innovativ: Der „Smart Photo Selector", der sich hinter dem Kamerasymbol mit dem Sternchen verbirgt. Was ist das nun wieder? Wenn Sie in dieser Betriebsart den Auslöser halb durchdrücken, beginnt die Kamera im Hintergrund ihren internen Speicher mit 20 Bildern (in voller Auflösung) zu füllen. Wenn Sie nun den Auslöser ganz durchdrücken speichert die Kamera 20 Fotos ab, wozu sie die Bilder hernimmt, die sich kurz vor und kurz nach dem Auslösen im Speicher befunden haben.

Nun kommt der eigentliche Trick: Anhand eines ausgefeilten Algorythmus beurteilt die Kamera anschließend selbständig die Qualität der Fotos: Ist der Bildausschnitt ok, passt die Belichtung, stimmt die Schärfe, hat die Person die Augen offen? Danach speichert sie die (ihrer Meinung nach) fünf besten Fotos ab, um Ihnen gleich danach diese Auswahl zu präsentieren. Sie können sich dann für eines oder mehrere Fotos entscheiden, und den Rest löschen.

Hört sich kompliziert an? Klingt wie Spielerei? Beides ist falsch, vertrauen Sie mir. Kompliziert ist es deshalb nicht, weil Sie ja nur die Betriebsart einstellen und den Auslöser drücken müssen. Und mag es zunächst auch wie Spielerei aussehen: Es funktioniert ganz ausgezeichnet. Die Kamera schafft es in den allermeisten Fällen tatsächlich, das beste im Sinne von schärfste und schönste Foto einer Person selbst herauszusuchen. Damit gelingen auch dem absoluten Einsteiger nette Portraits – aber sehen Sie selbst. Bei der abgebildeten Sequenz bin ich mit aktivierter Smart

DIE BEDIENUNG

Photo Selector-Funktion neben meiner spazieren gehenden Frau hergelaufen, und habe irgendwann einfach auf den Auslöser gedrückt. Zunächst alle 20 Fotos der Serie:

Nach sehr kurzer Rechenzeit wurden mir danach diese fünf Fotos präsentiert, die die Kamera für die besten hielt.

Das nebenstehende Foto hat die Kamera letztendlich als das beste von allen vorgeschlagen. Nun lässt sich über Geschmack bekanntlich streiten, doch eins steht fest: Es ist von der Belichtung, der Schärfe und – das finde ich besonders bemerkenswert – auch von der Bildaufteilung und vom Gesichtsausdruck her zweifellos eines der besten der ganzen Serie. Spielerei? Nein, eine wirklich überaus nützliche Funktion!

DIE BEDIENUNG

Um den Multifunktionswähler sind gleich mehrere Bedienelemente angeordnet. Die Taste „DISP" ❶ ist dabei, wie das Kürzel schon ahnen lässt, für die Anzeige der Informationen auf dem rückseitigen Farbdisplay zuständig. Bei der V1 erfüllt sie dieselbe Funktion auch für den elektronischen Sucher, sobald dieser aktiv ist.

Sie haben die Wahl zwischen zwei Anzeigearten: Einer reduzierten, um sich besser aufs Motiv konzentrieren zu können, und einer erweiterten, die wesentlich mehr Informationen bereitstellt. Welcher Variante Sie den Vorzug geben, ist reine Geschmacksache. Die Anordnung und Darstellung

Lieber wenige Infos für die volle Konzentration aufs Motiv, oder lieber alle Parameter im Blick? Ganz wie Sie möchten.

 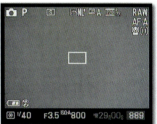

der Informationen unterscheidet sich zwischen J1 und V1 (hier abgebildet) übrigens geringfügig; der Informationsgehalt ist jedoch bei beiden Varianten exakt gleich.

Die Taste mit dem Pfeil ❷ birgt keine Überraschungen: Hier starten Sie die Wiedergabe der geschossenen Fotos. Sie scrollen mit dem Drehring um den Multifunktionswähler ❸, zum Wechsel der Anzeigeart (siehe unten) betätigen Sie die kleine Wippe oben rechts am Kameragehäuse ❹.

In der normalen Ansicht zeigt die Kamera das zuletzt geschossene Foto nebst den wichtigsten Aufnahmeinformationen an.

Wenn Sie möchten, können Sie sich auch vier Fotos gleichzeitig anzeigen lassen...

...oder neun...

...oder sehr viele, wobei das einzelne Foto dann nur noch recht klein zu sehen ist.

Recht nützlich ist die Kalenderanzeige, wenn Sie die Fotos eines bestimmten Tages suchen möchten.

DIE BEDIENUNG

Zwei weitere Tasten sind unter dem Multifunktionswähler angeordnet. Rechts unten befindet sich die Taste mit dem Papierkorb-Symbol ❶, deren Funktion selbsterklärend ist: Damit können Sie geschossene Fotos von der Speicherkarte löschen. Ich rate jedoch immer dazu, diese Taste zu ignorieren. Löschen Sie möglichst nie unterwegs etwas, denn auch auf einem Drei-Zoll-Display ist die Bildbeurteilung niemals so treffsicher wie auf dem großen heimischen Monitor. Falls der Platz auf der Speicherkarte also nicht extrem knapp werden sollte, dann löschen Sie misslungene Fotos erst, nachdem Sie sie am Computer begutachtet haben, und nicht schon in der Kamera.

Unten links liegt die Menü-Taste ❷, mit der Sie das Hauptmenü der Kamera aufrufen können. Dort bestimmen Sie grundlegende Dinge zu den Systemeinstellungen der Kamera, zur Aufnahme und zur Wiedergabe. Ich gehe auf die dortigen Optionen später noch ausführlich ein.

Kommen wir nun zum bereits mehrfach erwähnten Multifunktionswähler selbst, dem runden Element in der Mitte. Korrekter wäre die Bezeichnung „Elemente", also im Plural, da sich damit viele verschiedene Funktionen auf einmal steuern lassen. In der Mitte sitzt der „OK"-Knopf. Ganz wichtig: Wenn Sie eine Einstellung vorgenommen oder geändert haben, wird diese erst durch Drücken auf OK auch wirksam! Gewöhnen Sie sich die Betätigung des OK-Knopfes unbedingt an, sonst sind Fehlschüsse vorprogrammiert.

Oben am Wähler liegt ein Druckpunkt, der mit „AE-L/AF-L" bezeichnet ist ❸. In den Systemeinstellungen des Kameramenüs können Sie festlegen, ob ein Druck auf diese AF-L/AE-L-Taste Belichtung und Fokus, nur die Belichtung oder nur den Fokus speichern soll, wie links zu sehen.

Für welche Option Sie sich entscheiden, hängt natürlich weitestgehend von Ihrer Art zu fotografieren sowie Ihren persönlichen Vorlieben ab. Ich rate jedoch auf jeden Fall dazu, dass Sie sich für eine der beiden Einzelmöglichkeiten entscheiden, und nicht für Belichtung **und** Fokus gleichzeitig. Mein Favorit ist die Wahl der Belichtungsspeicherung; den Fokus regele ich dann einfach über den Auslöser.

DIE BEDIENUNG

Auf der linken Seite des Multifunktionswählers aktivieren Sie den Selbstauslöser ❹. Sie können dabei eine Vorlaufzeit von zwei Sekunden, fünf Sekunden oder zehn Sekunden wählen. Möchten Sie vom Stativ aus erschütterungsfrei aufnehmen, sind zwei oder fünf Sekunden die richtige Wahl. Wollen Sie hingegen selbst noch schnell ins Gruppenbild springen, sollten Sie zehn Sekunden wählen.

Der handliche Fernauslöser ML-L3 für rund 25 Euro passt gut zu Nikon 1 Kameras.

Zusätzlich steuern Sie hier auch das Auslöseverhalten der Kamera, wenn Sie einen drahtlosen Fernauslöser verwenden sollten: In der unteren Einstellung löst die Kamera sofort aus, wenn der Fernauslöser betätigt wird; in der Einstellung darüber erst nach zwei Sekunden Wartezeit. Welche Option passend ist, hängt von der Aufnahmesituation ab. Der aus dem Spiegelreflex-Lager stammende Fernauslöser ML-L3 funktioniert bestens mit der J1 und der V1.

Rechts am Multifunktionswähler befindet sich ein Plus- / Minus-Symbol ❺. Wie Sie sich vielleicht denken können, stellen Sie hier eine gewollte Über- oder Unterbelichtung ein, sofern das Motiv es erfordert. Ein Druck auf Symbolhöhe aktiviert die Funktion, durch Drehen des kleinen Rads stellen Sie den gewünschten Wert ein. Das funktioniert in der Praxis schnell und sicher, und mit etwas Übung müssen Sie die Kamera dazu nicht einmal vom Auge nehmen.

Ich habe bereits beschrieben, dass aufgrund des eingebauten Blitzes der J1 die Belegung der unteren Funktion des Multifunktionswählers unterschiedlich ist. Der Vollständigkeit halber sei dies hier nochmals erwähnt: Bei der V1 verstellen Sie die Autofokus-Betriebsart ❻, bei der J1 wählen Sie den Blitzmodus ❼. Im Umkehrschluss müssen Sie bei der V1 die Blitzmodi (natürlich nur bei aufgestecktem SB-N5) im Menü einstellen, bei der J1 erfordert die Wahl des Autofokus-Modus das Kameramenü.

Die unterschiedlichen Einstellungswege für Blitz und Fokus bei der J1 (links) und der V1 (rechts).

67

DIE BEDIENUNG

Bleiben noch die beiden Bedienelemente, die oben rechts auf der Rückseite der Kameras zu finden sind. Außen handelt es sich um eine kleine Wippe ❶. Sie mag unscheinbar wirken, steuert aber – ja nach Betriebszustand der Kamera – eine ganze Zahl verschiedener Funktionen. Dass sie bei der Bildwiedergabe dafür zuständig ist, die Anzahl der gleichzeitig angezeigten Fotos zu steuern, habe ich Ihnen ja bereits gezeigt. Sie kann darüber hinaus auch in ein Bild hineinzoomen, damit Sie die Schärfe möglichst exakt beurteilen können.

Klein und unauffällig liegt die Wippe am oberen rechten Gehäuserand. In der Praxis erweist sie sich aber als Multitalent, das für viele Einstellungen benötigt wird.

Noch vielfältiger sind ihre Aufgaben jedoch bei der Aufnahme von Fotos. Arbeiten Sie mit der Blendenautomatik (auch Zeitvorwahl genannt; „S"), stellen Sie damit die gewünschte Verschlusszeit ein. In der Zeitautomatik (Blendenvorwahl; „A") ist die Wippe für die Wahl der Blende zuständig. In der Programmautomatik können Sie die von der Kamera gewählten Voreinstellungen mit der Blende shiften. Das bedeutet, dass sich die Zeit- und Blendenkombination nach Ihren Wünschen verschieben lässt. Im manuellen Modus stellen Sie mit der Wippe die Belichtungszeit ein; die Blende wird dann über den Drehkranz des Multifunktionswählers gesteuert. Einzig in der Motivautomatik bleibt die Wippe ohne Funktion.

Direkt links von der Wippe sitzt eine Taste, die mit dem Buchstaben „F" beschriftet ist ❷. Nicht schwer zu erraten, dass es sich dabei um die Funktionstaste handelt. Was sie steuert, ist bei der J1 und der V1 unterschiedlich. Zur Verdeutlichung habe ich die Displays beider Kameras bei aktivierter F-Taste abfotografiert: Links steht die J1, bei der Sie mit der Funktionstaste zwischen Einzelbild und Serienbild sowie Hochgeschwindigkeits-Serienbildern mit 30 oder 60 Fotos je Sekunde wählen können. Bei der V1 hingegen (rechts) stellen Sie ein, ob Sie den mechanischen oder den elektronischen Verschluss oder ebenfalls den Hochgeschwindigkeits-Modus aktivieren möchten. Allerdings schade, dass diese Funktionen fest hinterlegt sind. Ich hätte mir gewünscht, die F-Taste auch mit anderen Funktionen belegen zu können – vielleicht geht das ja mit künftiger Firmware. Nun sind wir mit den Bedienelementen der Ka-

DIE BEDIENUNG

meras komplett durch. Aber halt: Der Vollständigkeit halber sollte ich am Ende dieses Kapitels nochmals den kleinen Schieber (siehe links) erwähnen, der bei der J1 den Blitz ausfahren lässt.

Jetzt haben wir uns zur Abwechslung mal wieder ein paar Fotos verdient, meinen Sie nicht? Auf einer Geschäftsreise nach London hatte ich zwischendurch zwei Stunden Zeit zum Fotografieren. Schauen Sie doch mal, was die Nikon 1 V1 und ich Ihnen von der Reise mitgebracht haben.

- 1/125s, f4,2, ISO 100, 15,1mm (41mm KB)

DIE BEDIENUNG

• 1/200s, f3,5, ISO 100, 10mm (27mm KB)

DIE BEDIENUNG

- 1/400s, f5,0, ISO 100, 10mm (27mm KB)

- 1/320s, f5,6, ISO 100, 30mm (81mm KB)

DIE BEDIENUNG

- 1/125s, f3,5, ISO 140, 10mm (27mm KB)

- 1/60s, f3,5, ISO 400, 10mm (27mm KB)

DIE BEDIENUNG

- 1/30s, f3,5, ISO 400, 13mm (35mm KB)

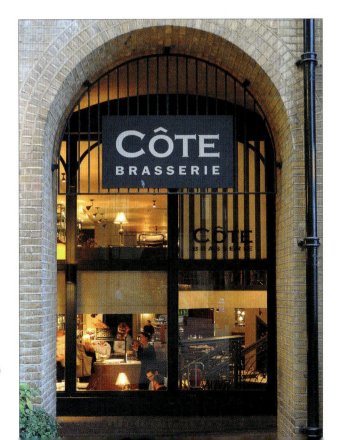

- 1/15s, f4,8, ISO 1.250, 19mm (51mm KB)

DIE AUFNAHMEMODI

Sie kennen nun alle Bedienelemente der Kameras, sowie den „Bewegten Schnappschuss" und den „Smart Photo Selector". Jetzt ist es an der Zeit, sich den klassischen Aufnahmemodi zu widmen, die „Nikon 1" natürlich auch beherrscht. Zuvor aber machen wir noch einen kleinen Abstecher zu den Motivprogrammen. Denn diese Motivprogramme, wie sie in jeder Amateurkamera (egal, ob kompakt oder DSLR) zu finden sind, hat Nikon in ziemlich ungewöhnlicher Art und Weise im Nikon 1 System implementiert.

Motivautomatik

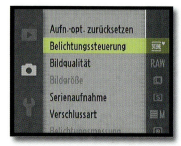

Motivprogramme kennen Sie sicher, sodass ich diese nicht weiter erklären muss. Um bei „Nikon 1" die Motivprogramme aufzurufen, drücken Sie bei eingeschalteter Kamera die Menü-Taste. Wählen Sie durch Drehen des Multifunktionswählers die Rubrik des Aufnahmemenüs (mit dem Kamerasymbol), und scrollen Sie (falls nötig) bis zum Punkt „Belichtungssteuerung". Drücken Sie jetzt rechts auf den Multifunktionswähler, so können Sie den Aufnahmemodus nach Wunsch auswählen.

Wir entscheiden uns also für die Motivautomatik, und bestätigen die Auswahl durch drücken der „OK"-Taste in der Mitte des Multifunktionswählers. Damit wären die Motivprogramme also aktiviert. So weit, so gut. Doch jetzt wird es etwas gewöhnungsbedürftig. Denn wenn Sie nun versuchen, ein bestimmtes Motivprogramm auszuwählen, werden Sie nicht weit kommen: Die Kamera trifft die Auswahl, Sie können das Motivprogramm nicht selbst bestimmen!

Ich muss zugeben: Ich hatte daran hart zu knabbern. Es ist sicher lobenswert und auch richtig, wenn Nikon versucht, es dem Einsteiger so einfach wie möglich zu machen – dazu sind Motivprogramme ja da. Dass man aber überhaupt keine Wahlmöglichkeit hat, sondern der Wahl der Kamera hilflos ausgeliefert ist – hm.

Doch werden Sie sich erinnern, dass ich immer wieder betont habe, dass alle Fotos (die Sie bisher im Buch gesehen haben) mit genau dieser Motivautomatik geschossen worden sind. Zudem habe ich mich stets positiv, ja geradezu

DIE AUFNAHMEMODI

begeistert, über eben diese Motivautomatik geäußert, weil sie so gut funktioniert. Ja was denn nun? Finde ich es schlecht, dass man nicht selbst wählen kann, oder finde ich es gut? Es kommt ganz darauf an, von welcher Seite man die Sache betrachtet.

Sehen Sie die Motivautomatik als eine bessere Vollautomatik (die „Grüne Welle", die jede Amateurkamera hat), dann ist sie klasse. Die Kamera nimmt ja keine Standardwerte her, die so halbwegs auf jedes Motiv passen, sondern untersucht das Motiv recht intelligent, um dann die passenden Einstellungen zu wählen. Das sind übrigens vier an der Zahl: Porträt, Landschaft, Makro – und eine, die für alles andere zuständig ist, was nicht unter die ersten drei Kategorien fällt. Und so sieht das aus:

Porträt   Landschaft   Makro   universell

Nachtporträt

Wenn Sie es bislang allerdings gewohnt sind, mit Hilfe der Motivprogramme zumindest zu einem Teil selbst zu bestimmen, mit welchen Parametern das Foto aufgenommen wird, so werden Sie möglicherweise enttäuscht sein, weil das mit Nikon 1 nicht geht. Ich kann Nikons Entscheidung zwar in gewisser Weise nachvollziehen – wenn man nichts einstellen kann, kann man auch nichts **falsch** einstellen – aber es wird sicher nicht jeden glücklich machen.

Sie müssen deshalb für sich selbst entscheiden: Vertrauen Sie der Automatik (Sie erinnern sich, das können Sie!), oder wagen Sie sich an die klassischen Aufnahmemodi? Vielleicht sogar an den manuellen Modus? Blättern Sie zur Entscheidung doch einfach um, denn jetzt möchte ich Ihnen diese klassischen Aufnahmemodi gerne näher bringen.

DIE AUFNAHMEMODI

Die klassischen Aufnahmemodi

Da Nikon großen Wert darauf gelegt hat, die J1 und die V1 nicht nur für Umsteiger von Kompaktkameras, sondern auch für DSLR-erfahrene Benutzer interessant zu gestalten, dürfen die klassischen Betriebsarten natürlich nicht fehlen. Hierbei greift die Kamera allerdings nicht unterstützend in die Einstellungen ein, wie es bei der Motivautomatik der Fall ist. Genau das macht diese Art des Fotografierens aber so interessant: Sie allein bestimmen die Parameter, sodass Ihrer Kreativität nahezu keine Grenzen gesetzt sind.

Erst die recht lange Belichtungszeit von 1/20 Sekunde brachte die Bewegung des Mühlrads gut hervor.

DIE AUFNAHMEMODI

Blendenautomatik

Das „S" steht hier für den englischen Begriff „shutter", der „Verschluss" bedeutet, und in diesem Zusammenhang die Belichtungszeit meint. Sie stellen die Belichtungszeit manuell nach Wunsch ein; die Kamera wählt automatisch die für eine korrekte Belichtung passende Blende dazu aus. Die Wahl der Belichtungszeit erfolgt über die so wichtige kleine Wippe, die sich oben rechts am Gehäuse befindet: Drücken Sie sie nach oben, verkürzen Sie die Belichtungszeit, bewegen Sie sie nach unten, stellen Sie damit eine längere Belichtungszeit ein.

Diese Halbautomatik eignet sich deshalb besonders dann, wenn die Belichtungszeit für das Motiv wichtiger ist als die Blendenöffnung. Das ist zum Beispiel bei Sportaufnahmen der Fall, damit schnell bewegte Motive scharf eingefangen, die Bewegungen also „eingefroren" werden. Das ist aber längst nicht alles, denn die Blendenautomatik können Sie auch für viele andere Motive nutzen. Zum Beispiel dann, wenn Sie genau den gegenteiligen Effekt erzielen möchten: Eine Bewegung nicht einzufrieren, sondern genau diese Bewegung im Bild für den Betrachter sichtbar zu machen.

Sehen Sie sich dazu bitte das Foto des Mühlrads auf der linken Seite an. Damit die Dynamik seiner Bewegung im Foto auch sichtbar wird, musste ich in diesem Fall eine ausreichend lange Belichtungszeit einstellen, nicht etwa eine möglichst kurze! Ich habe also nach der bekannten „try-and-error"-Methode so lange die Zeit variiert, bis der Effekt passend erschien. In diesem Fall war 1/20 Sekunde die bestmögliche Einstellung. Wäre die Belichtungszeit kürzer gewesen, hätte dies das Mühlrad statisch dargestellt; das Foto wäre dadurch deutlich langweiliger geworden.

Hätte ich hingegen eine noch längere Zeit eingestellt, wäre das Foto auch nichts geworden: Ich hatte kein Stativ dabei, sodass ich aus der freien Hand schießen musste. An einen Baum angelehnt, mit aktivem Bildstabilisator, war die 1/20 gerade noch machbar. Wenn Sie freihand mit längeren Belichtungszeiten arbeiten, sollten Sie immer penibel darauf achten, dass die Zeiten nicht zu lang ausfallen.

DIE AUFNAHMEMODI

Zeitautomatik

„Aperture" ist das englische Wort, von dem sich das „A"-Symbol auf dem Programmrad herleitet; in der Fotografie lautet die deutsche Bedeutung „Blende" (auch „Blendeneinstellung" oder „Blendenöffnung"). Wenn Sie in dieser Betriebsart die kleine Wippe betätigen, wählen Sie manuell die Blende aus, die Kamera kümmert sich automatisch um die dazu passende Verschlusszeit. Ganz im Gegensatz zur Blendenautomatik ist die Zeitautomatik also der Aufnahmemodus der Wahl, wenn eine bestimmte Blende – und damit auch eine bestimmte Schärfentiefe – für das spätere Foto wichtiger ist als die Verschlusszeit.

Da Sie bei der Zeitautomatik die Blende (natürlich nur im Rahmen der am Aufnahmeort vorherrschenden Lichtbedingungen) völlig frei wählen können, eignet sich diese Betriebsart aber nicht nur für Motive, die einen engen Schärfebereich benötigen, um eine plastische Wirkung im Foto zu erzielen. Auch das Gegenteil, also eine große Schärfentiefe, lässt sich natürlich einstellen, wie es etwa für Landschafts- oder Architekturfotos meist gewünscht wird.

Nur eine möglichst weit geöffnete Blende kann diese Tiefenwirkung erst erzielen.

DIE AUFNAHMEMODI

Dazu habe ich Ihnen zwei Beispiele vorbereitet, die dies verdeutlichen sollen. Beim Foto der beiden Löwenstatuen habe ich eine möglichst große Blende (in diesem Fall f/3,5) gewählt; das 10-30 Millimeter-Objektiv also so weit wie möglich geöffnet. Die Schärfe liegt auf dem Löwen im Vordergrund. Dieser tritt deshalb plastisch hervor, während der Löwe im Hintergrund in Unschärfe verschwimmt, aber dennoch einwandfrei zu erkennen ist. So konnte ich eine räumliche Tiefe erzeugen, die dem Foto eine spannendere Bildwirkung verleiht.

Für Landschaftsaufnahmen ist in der Regel eine recht kleine Blendenöffnung die sinnvollste Einstellung.

Das Foto auf dieser Seite hätte hingegen von einer offenen Blende nicht profitiert, denn hier war die herrliche Landschaft als Ganzes mein Motiv. Räumliche Tiefe wird in diesem Fall durch die Fluchtlinie zum rechten Bildrand hin erzeugt sowie durch die Spiegelung des Tempels im Wasser. Deshalb war f/11 die Blende meiner Wahl.

Auch in der Zeitautomatik sollten Sie stets alle Aufnahmeparameter im Blick haben. Es kann nämlich schnell passieren, dass die Belichtungszeit für Freihandaufnahmen zu lang wird – deshalb sollten Sie unbedingt darauf achten.

DIE AUFNAHMEMODI

Programmautomatik

Prinzipiell ist die Programmautomatik eine Vollautomatik. Sie basiert auf derselben Steuerungsmethode wie die Motivautomatik, nur dass die Kamera hier nicht zwischen verschiedenen Voreinstellungen hin- und herwechselt. Während Sie bei der Motivautomatik nicht selbst eingreifen können, haben Sie in der Programmautomatik weitreichende Einflussmöglichkeiten auf Blende und Verschlusszeit.

Wenn Sie die Programmautomatik eingestellt haben, wählt die Kamera unter Berücksichtigung der vorherrschenden Lichtverhältnisse die Belichtungszeit und die Blende zunächst selbständig aus. Durch die Betätigung der kleinen Wippe können Sie die Blenden- / Zeit-Kombination aber nach Ihren persönlichen Wünschen beeinflussen. Dies nennt sich auf Englisch „program shift", was man am ehesten mit „Programmwechsel" übersetzen könnte.

Benötigen Sie also eine geschlossenere oder eine offenere Blende, so bewegen Sie die kleine Wippe hoch oder runter, bis der gewünschte Wert eingestellt ist. Genauso können Sie natürlich auch vorgehen, um eine ganz bestimmte Verschlusszeit zu erzielen. Wenn Sie eine Verstellung mittels der Wippe vornehmen, signalisiert die Kamera dies mit einem Sternchen neben dem „P"-Symbol. So werden Sie stets daran erinnert, dass Sie von den Einstellungen, die die Kamera für die besten hält, manuell abgewichen sind.

Das Praktische an der Programmautomatik: Mit einer einfachen Betätigung der Wippe können Sie entweder die passende Blende oder die passende Zeit einstellen; je nachdem, was für die Aufnahmesituation das wichtigere Kriterium ist. Die Programmautomatik könnte man deshalb auch als eine Kombination aus Zeit- und Blendenautomatik bezeichnen, weshalb sie bei vielen Amateurfotografen als Standardeinstellung sehr beliebt ist.

Die Kamera lässt Sie in dieser Betriebsart übrigens nur Zeit- und Blendenkombinationen einstellen, die zu einem korrekt belichteten Foto führen. Probieren Sie es aus: Wenn Sie an einem Ende der möglichen Kombinationen angekommen sind, wird sich trotz weiterer Betätigung der Wippe

DIE AUFNAHMEMODI

nichts mehr ändern. Somit haben Sie also eine Art Versicherung eingebaut, dass das Foto nicht unter- oder überbelichtet wird, was natürlich sehr hilfreich ist.

Aber: Die Kamera wird Sie nicht warnen oder an der Aufnahme hindern, wenn die Freihand-Belichtungszeit gefährlich lang wird! Deshalb ist es insbesondere im Programmmodus von essentieller Wichtigkeit, die Belichtungszeit stets wachsam im Blick zu haben.

Neptun und sein Dreizack eignen sich als Motiv ausgezeichnet. Mit der Programmautomatik hatte ich schnell die passende Kombination aus Zeit und Blende ausgewählt.

DIE AUFNAHMEMODI

Manueller Modus

„Das ist die Einstellung für Profis, da lasse ich lieber die Finger von!" Sie glauben gar nicht, wie oft ich diesen Satz schon aus dem Mund von Foto-Amateuren gehört habe. Dass ein gewisser Respekt vor dem manuellen Modus besteht, kann ich durchaus verstehen: Wie der Name schon sagt, stellen Sie hier sowohl die Verschlusszeit als auch die Blende selbst ein, ohne dass die Kamera-Elektronik unterstützend eingreift. Doch wie soll man so zu einer korrekten Belichtung kommen? Das kann eben nur ein Profi. Oder?

Keineswegs, das können auch Sie! Denn beide Kameras geben bereitwillig Auskunft darüber, wann die von Ihnen manuell getroffene Zeit- und Blenden-Kombination eine korrekte Belichtung ergibt. Um damit zu arbeiten, müssen Sie nur genau hinschauen: Sobald die Kamera in den manuellen Modus versetzt wird, ändert sich dabei die Informationsanzeige auf dem Display (bei der V1 entsprechend auch im Sucher).

Im manuellen Modus wird zusätzlich zur Anzeige der Belichtungszeit und der Blende eine kleine Skala angezeigt, die links mit einem Minus- und rechts mit einem Pluszeichen versehen ist. Bei der V1 wird diese Skala am unteren Rand des Displays und des Suchers angezeigt; bei der J1 ist sie am rechten Displayrand zu sehen. Sehen Sie sich dazu bitte die unten abgebildeten Ausschnittvergrößerungen der Info-Anzeige an: Auf einen Blick können Sie erkennen, was die drei Anzeigen aussagen! Links wäre das Foto unterbelichtet, in der Mitte stimmt alles, und rechts wird eine Überbelichtung signalisiert. Wie weit der Balken ausschlägt zeigt dabei an, wie weit Sie von einer passenden Belichtung entfernt sind. Einfach, oder?

Balken links: Belichtung zu knapp.
Balken rechts: Belichtung zu reichlich.
Kein Balken in Sicht: Alles klar, alles passt, abdrücken.

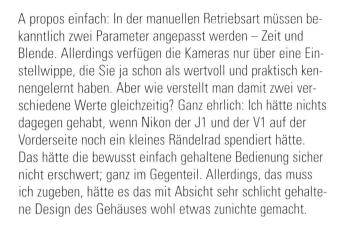

DIE AUFNAHMEMODI

A propos einfach: In der manuellen Betriebsart müssen bekanntlich zwei Parameter angepasst werden – Zeit und Blende. Allerdings verfügen die Kameras nur über eine Einstellwippe, die Sie ja schon als wertvoll und praktisch kennengelernt haben. Aber wie verstellt man damit zwei verschiedene Werte gleichzeitig? Ganz ehrlich: Ich hätte nichts dagegen gehabt, wenn Nikon der J1 und der V1 auf der Vorderseite noch ein kleines Rändelrad spendiert hätte. Das hätte die bewusst einfach gehaltene Bedienung sicher nicht erschwert; ganz im Gegenteil. Allerdings, das muss ich zugeben, hätte es das mit Absicht sehr schlicht gehaltene Design des Gehäuses wohl etwas zunichte gemacht.

Bei diesem Waldmotiv, das ich später am Rechner in Schwarzweiss umgewandelt habe, war die Belichtung wegen der extremen Schatten- und Lichterpartien für die Automatik zu schwierig. Im manuellen Modus war die gewünschte Anmutung aber in wenigen Minuten hergestellt.

Wie dem auch sei: Es gibt kein Rändelrad, und bisher sind wir mit der Wippe ja auch gut zurecht gekommen. Und für den manuellen Modus gibt es auch eine recht praktikable Lösung: Mit der Wippe stellen Sie die gewünschte Verschlusszeit ein; durch Drehen des Multifunktionswählers können Sie die benötigte Blende auswählen. Nach kurzer Eingewöhnung geht das recht flott von der Hand, wie ich finde.

Etwas länger habe ich persönlich aber dazu gebraucht, diese Bedienweise auch dann anzuwenden, wenn ich bei der V1 durch den Sucher schauend fotografiere. Ich möchte die Kamera nämlich nicht für jeden Einstellvorgang vom Auge nehmen müssen, weil das die Konzentration aufs Motiv stört. Aber mit etwas Übung lässt sich auch das meistern.

DIE AUFNAHMEMODI

Die geheime Belichtungsautomatik

Keine Angst: An der Entwicklung von Nikon 1 war meines Wissens nach kein Geheimdienst beteiligt. Dennoch gibt es ein interessantes Geheimnis zu entdecken, das vielen Fotografen aber leider verborgen bleiben wird, weil sie nicht um dessen Existenz wissen. Ich habe dieses Ausstattungsmerkmal schon nach kurzer Zeit zu meinem absoluten Liebling von Nikon 1 erklärt, und möchte es keinesfalls mehr missen. Doch ich will nicht länger in Rätseln schreiben, sondern möchte das Geheimnis gerne mit Ihnen teilen.

Zunächst gilt es dazu zu klären, welche Voreinstellung Sie für einen bestimmten Menüpunkt vorgenommen haben, respektive welche Voreinstellung bei Ihrer Kamera aktiviert ist, falls Sie sie nicht selbst vorgenommen haben. Dazu bitte ich Sie ins Menü zu gehen, das Aufnahmemenü zu wählen (das mit dem Kamerasymbol), und bis zum Punkt „ISO-Empfindlichkeit" zu navigieren.

Sie werden feststellen, falls Sie dies nicht schon vorher selbst herausgefunden haben, dass man die Kamera nicht nur auf einen festen ISO-Wert, sondern auch auf eine ISO-Spanne einstellen kann. Drei Bereiche stehen zur Wahl: ISO 100-3.200, ISO 100-800 und ISO 100-400. Ist die Kamera auf einen dieser Bereiche eingestellt – falls das bei Ihnen nicht der Fall ist, dann bitte ich Sie, einen davon jetzt einzurichten –, verändert die Elektronik die Empfindlichkeit des Kamerasensors je nach Lichtsituation selbständig innerhalb der gewählten Bandbreite. Ich rate zur Einstellung ISO 100-800; so bleibt die Bildqualität auf hohem Niveau.

Aber was bringt das? Wenn Sie mit einer festen ISO-Empfindlichkeit arbeiten, sorgt eine Kombination aus Belichtungszeit, Blende und der gewählten ISO-Stufe für ein korrekt belichtetes Foto. Damit sind die Grenzen aber relativ starr, innerhalb derer eine passende Belichtung möglich ist. Herrscht einmal zu wenig Umgebungslicht, besteht schnell die Gefahr eines verwackelten Fotos, weil eine zu lange Belichtungszeit notwendig wird. Im schlimmsten Fall ist das Foto sogar unterbelichtet, weil auch eine längere Zeit nicht mehr genug Licht auf den Sensor fallen lässt.

DIE AUFNAHMEMODI

Diese Grenzen werden mit der ISO-Automatik erweitert: Die Kamera regelt die Empfindlichkeit so lange hoch, bis ein korrekt belichtetes Foto mit ausreichend kurzer Belichtungszeit möglich wird – die Aufnahme ist „im Kasten".

Wunderwaffe ISO-Automatik

„Alter Hut", werden die erfahreneren Fotografen unter Ihnen jetzt vielleicht denken, diese Funktion ist mir doch bekannt, was soll daran geheim sein? Gar nichts, völlig richtig. Aber, und das ist der Punkt, auf den ich Sie hinweisen möchte: Zusammen mit der manuellen Betriebsart wird die ISO-Automatik zu einem enorm mächtigen Werkzeug!

Die Auflösung: Sie können im manuellen Modus die Blende UND die Zeit völlig frei wählen – durch die ISO-Automatik wird das Foto immer richtig belichtet sein! Das gilt selbstverständlich nur innerhalb der Grenzen, die von der vor Ort herrschenden Lichtsituation definiert werden, sowie innerhalb der ISO-Spanne, die Sie im Menü festgelegt haben.

Ich freue mich immer wieder über die Kombination „Manuell plus ISO-Automatik". Mit ihr kann man sich kreativ im manuellen Modus austoben, ohne dass die Aufnahmeparameter allzu knifflig einzustellen sind.

Die lustigen Schafe standen keine Sekunde still. Ich brauchte deshalb Blende 8 UND 1/1.000 Sekunde, um trotzdem ein scharfes Foto zu bekommen. Das war mit der Kombination ISO-Automatik plus manuellem Modus aber gar kein Problem.

Das Hauptmenü der Kameras

Nikon hat sich redlich darum bemüht, das Menü beider Modelle so einfach und so übersichtlich wie möglich zu gestalten. Dennoch gibt es eine stattliche Anzahl an wählbaren Optionen und somit auch entsprechend viele Einstellmöglichkeiten. Manche Menüpunkte sind selbsterklärend; andere bedürfen einer Erläuterung, sodass Sie die für Sie persönlich beste Wahl treffen können.

Auf den folgenden Seiten möchte ich Ihnen die Menüpunkte und deren Optionen im Einzelnen vorstellen. Wenn es angebracht ist, gebe ich Ihnen darüber hinaus meine Empfehlungen, was Sie dort einstellen sollten und warum. Gibt es mehrere gleichwertige Möglichkeiten, so stelle ich die Vor- und Nachteile der jeweiligen Option heraus.

Ich orientiere mich sowohl bei der Reihenfolge der Kapitel als auch bei den Unterpunkten an der Anordnung des Kameramenüs. So können Sie Kamera und Buch nebeneinander legen und alles in Ruhe durchprobieren. Da die Menüs der J1 und der V1 weitgehend identisch sind, werde ich beide wie eine Kamera behandeln. Gibt es doch mal Abweichungen, weise ich natürlich auf diese hin.

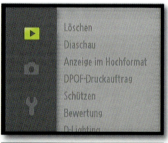

Wiedergabe

Los geht's mit dem Wiedergabe-Menü, das durch einen grünen Pfeil gekennzeichnet ist. Falls einige Menüpunkte bei Ihnen ausgegraut sein sollten, so haben Sie eine leere Speicherkarte in der Kamera. Schießen Sie einfach ein paar Fotos, um alle Optionen mit mir durchspielen zu können.

Das erste, was Sie im Wiedergabe-Menü tun können, ist das Löschen von Fotos. Und das sehr komfortabel: Sie können einzelne Bilder löschen, mehrere Fotos zum Löschen markieren, Bilder eines bestimmten Datums löschen, alle Fotos von der Speicherkarte löschen, oder aber nur solche löschen, die Sie zuvor negativ bewertet haben. Ich werde nicht müde es vorzubringen, und auch dem Nikon 1-Besitzer rate ich: Lassen Sie das Löschen in der Kamera, ignorieren Sie diesen Menüpunkt besser! Warum ich hier so rigoros bin? Ganz einfach: Auch ein großes und gutes Display, wie es die beiden

DAS HAUPTMENU

Kameras bieten, ist nicht so groß wie der Bildschirm des heimischen Computers. Nur dort können Sie ein Foto wirklich sicher beurteilen. Ein Foto ist schnell in der Kamera gelöscht, aber ebenso schnell ist auch ein gutes Bild (versehentlich) in den Datenhimmel befördert, wenn Sie es nur anhand des (vergleichsweise) kleinen Kameradisplays beurteilt haben.

Diaschau

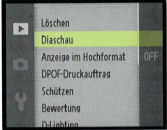

Mit diesem Menüpunkt können Sie eine Diaschau, zum Beispiel wenn Sie bei Freunden zu Besuch sind, anzeigen lassen (zur Vorführung auf einem Fernseher benötigen Sie auch das passende Kabel). Dazu bietet die Kamera einige ausgefeilte Optionen: Nach Wunsch können Sie sich alle Dateien der Speicherkarte, also Fotos und Videos gleichermaßen, vorführen lassen, oder aber Sie wählen, dass nur Fotos, nur Videos oder nur die bewegten Schnappschüsse angezeigt werden.

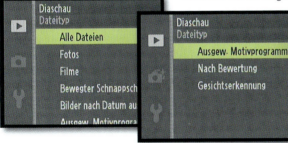

Sie können sich auch nur Fotos eines bestimmten Datums anzeigen lassen oder nur Bilder, die mit einem der Motivprogramme geschossen wurden. Oder nur solche Bilder, die eine bestimmte (von Ihnen getroffene) Bewertung aufweisen hernehmen, oder sich auf die Bilder beschränken, bei denen die Gesichtserkennung aktiv war. Für jede dieser Auswahlmöglichkeiten können Sie das Bildintervall, die Wiedergabedauer sowie auf Wunsch auch eine von drei in der Kamera hinterlegten Hintergrundmusiken (bei Videos auf Wunsch auch den original Filmton) aktivieren.

Mit „Anzeige im Hochformat" bestimmen Sie, wie hochformatige Fotos angezeigt werden. Wählen Sie die Option „off/aus", dann wird das Foto größer angezeigt, aber Sie müssen Kopf oder Kamera drehen. Bei „on/ein" ist das Foto richtig orientiert, wird dafür aber kleiner dargestellt.

Hochformatanzeige aus (links) und ein (rechts).

87

DAS HAUPTMENU

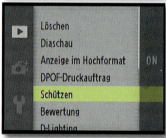

Möchten Sie auf einer Printstation im Fotogeschäft direkt Abzüge von der Speicherkarte machen lassen, können Sie per DPOF (Digital Print Order Format) bereits in der Kamera bestimmen, welche Fotos die Station drucken soll. Das betreffende Auswahlmenü ist übersichtlich und lässt sich einfach und intuitiv bedienen.

Ich halte dieses Relikt früherer Tage aber für ziemlich überflüssig: Besser, Sie bestellen oder drucken Fotos vom heimischen Computer aus. Möchten Sie dennoch unterwegs Direktdrucke erhalten, so sollten Sie zur Auswahl der Fotos den Bildschirm der Printstation nutzen, weil dieser nicht nur die größere Anzeige bietet, sondern sich die Bilder hier auch viel übersichtlicher zusammenstellen lassen.

„Aufnahme schützen", der nächste Menüpunkt, ist in zwei Fällen sehr hilfreich. Erstens dann, wenn Sie vielleicht doch schon unterwegs Aufnahmen löschen müssen oder wollen. Und zweitens, wenn Sie die Kamera auch mal Ihrem Kind in die Hand drücken möchten. Hier haben Sie die Option, bestimmte Aufnahmen vor dem Löschknopf zu schützen. Diese bekommen bei der Auswahl ein Schlüsselsymbol, woran sie als geschützte Fotos zu erkennen sind. Die Löschung der so versiegelten Fotos ist jetzt nur noch möglich, wenn Sie die Bilder hier in diesem Menü explizit wieder von ihrem Schutz befreien. Da dies in keinem Fall aus Versehen geschehen kann, sind Ihre wertvollsten Schnappschüsse recht wirksam vor einer versehentlichen Löschaktion geschützt.

Wenn Sie möchten, können Sie mit dem Menüpunkt „Bewertung" bereits direkt in der Kamera Ihre persönliche Hitparade erstellen. Jedem Foto lassen sich ein bis fünf Sterne zuordnen, wobei Sie natürlich für schlechtere Fotos auch keinen Stern vergeben können. Ist ein Foto ganz daneben, dann haben Sie auch die Option, ihm einen Negativ-Stern zu verleihen. Alle so gebrandmarkten Aufnahmen können Sie später in einem Rutsch von der Speicherkarte löschen.

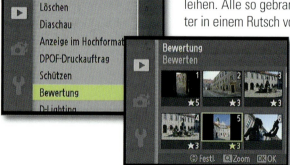

Hinter „D-Lighting" verbirgt sich eine interessante Möglichkeit, Aufnahmen zu retten, die in den dunkleren Bildpartien zu dunkel geraten sind, sodass keine Details mehr zu erkennen sind. Wenn Sie nicht schon während der Aufnahme mit aktivem D-Lighting

DAS HAUPTMENU

arbeiten, dann haben Sie hier die Option, dies auch nachträglich zu tun. D-Lighting hellt zu dunkle Bildteile per Software auf, sodass das Motiv deutlich ausgewogener erscheint. Sie wählen dazu einfach das gewünschte Foto aus und bestimmen anhand der angezeigten Vorschau, wie stark Sie die Aufhellung vornehmen lassen möchten. Dazu stehen drei Stufen – schwach, normal und stark – zur Verfügung. Nach Betätigen der OK-Taste wird das Foto aufgehellt und als neue Datei auf der Speicherkarte abgelegt. Das Originalfoto wird übrigens nicht angetastet und steht deshalb weiter zur Verfügung. D-Lighting lässt sich am Computer mit Software wie Capture NX deutlich feinfühliger und mit mehr Optionen anwenden. Wenn Sie aber nicht der Typ sind, der seine Fotos am Rechner nachbearbeitet, dann ist die Möglichkeit durchaus empfehlenswert.

Mit „Verkleinern" lassen sich geschossene Fotos in der Größe herunterrechnen. So können Sie Bilder nach dem Transfer auf den Computer direkt per Mail versenden, ohne dass am Rechner weitere Arbeitsschritte anfallen.

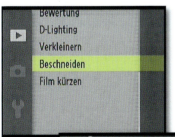

Computer-Verweigerer können mit der Beschneiden-Funktion direkt in der Kamera eine Ausschnittvergrößerung vornehmen. Sie wählen dazu das gewünschte Foto aus, bestimmen aus vier Seitenverhältnissen (3:2, 16:9, 1:1, 4:3) mit dem Multifunktionswähler das passende Format, wählen mit der Wippe eine von sechs Bildausschnittsgrößen und verschieben den Ausschnitt bei Bedarf noch an die passende Stelle. Der Bildausschnitt wird dann als neue Datei gespeichert.

DAS HAUPTMENU

Die letzte Option des Wiedergabe-Menüs betrifft Filmdateien. Es handelt sich erneut um eine Funktion, die demjenigen zugute kommt, der sich nicht der nachträglichen Bearbeitung am Computer widmen mag; diesmal allerdings für Bewegtbilder. Allzuviel sollten Sie aber nicht erwarten: Sie können hier einen rudimentären Filmschnitt vornehmen, mehr bietet diese Option nicht.

Die Handhabung gestaltet sich dafür denkbar einfach: Sie wählen den Clip aus, bestimmen den Start- und Endpunkt per Multifunktionswähler, und bestätigen mit OK. Sofort berechnet die Kamera den gekürzten Clip, und legt ihn als neue Datei auf der Speicherkarte ab; auch hier bleibt Ihnen das Original also erhalten. Sehr löblich: Den Start- und Endpunkt des Schnitts können Sie bildgenau bestimmen, was für ein exaktes Trimmen unerlässlich ist.

Für kürzere Clips – was wohl eher die Regel darstellt – funktioniert die Sache recht flott. Haben Sie jedoch eine Sequenz von mehreren Minuten vorliegen, dann sollten Sie den Schnitt besser an einem Computer vornehmen.

Aufnahme Teil 1

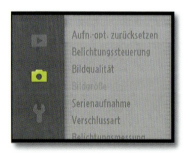

Deutlich umfangreicher als das Wiedergabe-Menü ist der Abschnitt „Aufnahme". Das verwundert nicht: Hier stellen Sie die Parameter rund um „den Schuss" ein, und das sind schon einige. Doch keine Angst: Wir sehen sie uns zusammen Stück für Stück an, sodass sich der gordische Knoten vor Ihren Augen entwirren wird. Das Aufnahme-Menü ist am grünen Kamerasymbol zu erkennen.

Die erste Option lautet „Aufnahmeoptionen zurücksetzen". Das ist mit Vorsicht zu genießen, denn beim Bestätigen mit „ja" stehen alle Einstellungen für die Aufnahme wieder auf den Standard-Werten ab Werk. Sehr hilfreich ist das Zurücksetzen jedoch, wenn Sie sich irgendwann einmal im Menü verzettelt und irgend etwas falsch eingestellt haben – das kommt auch in den besten Familien gelegentlich vor. Setzen Sie die Kamera in diesem Fall zurück, und stellen Sie alles ganz in Ruhe wieder von Neuem ein.

DAS HAUPTMENU

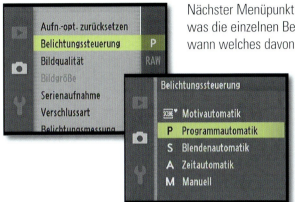

Nächster Menüpunkt: Die Belichtungssteuerung. Darüber, was die einzelnen Belichtungsprogramme bedeuten und wann welches davon am besten einzusetzen ist, habe ich ja bereits zuvor im Kapitel „Aufnahmemodi" ausführlich gesprochen. Deshalb kann ich mich hier auch sehr kurz fassen: An dieser Stelle wählen Sie also zwischen der Vollautomatik (Motivautomatik), der Programmautomatik, den beiden Halbautomatiken für Blende und Zeit sowie dem manuellen Modus aus.

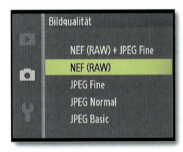

Ein sehr wichtiger Menüpunkt: Die Wahl der Bildqualität. Dabei haben Sie zunächst die grundsätzliche Auswahl zwischen RAW und JPEG. Bei JPEGs können Sie zusätzlich bestimmen, ob diese mit der besten (Fine), normalen (Normal) oder einer reduzierten (Basic) Qualität aufgezeichnet werden. Möchten Sie RAWs und JPEGs simultan aufzeichnen (die obere Auswahl), so können Sie auch dann für die JPEG-Dateien die Qualitätsstufe festlegen.

Mit der JPEG-Qualität geht die Dateigröße einher. Je niedriger die Qualitätsstufe, desto mehr komprimiert die Kamera das Foto. Damit werden kleinere Dateien erzeugt, sodass mehr Fotos auf die Speicherkarte passen. Ich rate Ihnen, nur „JPEG Fine" zu wählen. Speicherkarten sind inzwischen recht günstig, sodass sich die Platzfrage heute nicht mehr wirklich stellt. Und: Wenn Sie beim Speichern der Fotos deren Qualität mindern wollen, warum haben Sie dann eine Nikon 1 gekauft? Eben. JPEG Fine. Immer.

In der 100-Prozent-Vergrößerung wird der Qualitätsunterschied zwischen höchster (links) und niedrigster JPEG-Qualität (rechts) deutlich sichtbar – bei jeder Kamera.

RAW ODER JPEG

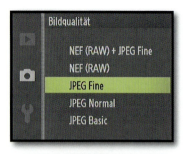

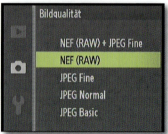

JPEG oder RAW als Aufnahmeformat? Über die Vor- und Nachteile der beiden Optionen informiere ich Sie in diesem Kapitel ausführlich.

RAW oder JPEG – die alte Streitfrage

An dieser Stelle sollten wir einen Abstecher machen, denn das Thema RAW oder JPEG finde ich enorm wichtig. Leider ist dazu etwas Mathematik vonnöten, um den Qualitätsunterschied zwischen beiden Dateiformaten zu verstehen. Ich mache es jedoch so kurz und so schmerzlos wie möglich.

JPEG kennt jeder, JPEG nutzt jeder. Obwohl es in vielerlei Hinsicht weitaus bessere Formate zur Speicherung und Verarbeitung eines Digitalfotos gibt, hat JPEG sich als Standard durchgesetzt. Deshalb ist JPEG im Alltag auch so schön einfach: Ihre Kamera, Ihr Computer, Ihr Drucker, Ihr Fernseher (wenn er neueren Datums ist), diverse Multimedia-Geräte und Spielekonsolen, Tablet-Computer, Netbooks und viele Geräte mehr können JPEGs anzeigen.

Da liegt es also nahe, in JPEG zu fotografieren, denn so kann man die Fotos ohne Umweg auf diesen Geräten verwenden; vielfach reicht es sogar aus, die Speicherkarte aus der Nikon 1 zu nehmen und in ein solches Gerät zu stecken. Hinzu kommt die Tatsache, dass beide Kameras in der Lage sind, hervorragende JPEG-Fotos zu produzieren. Je nach gewählter Picture Control-Voreinstellung kommen scharfe, farblich ansprechende und brillante – kurz knackige – Fotos dabei heraus. Was will man also mehr, wo hat RAW dann seine Berechtigung?

Achtung, jetzt kommt die angedrohte Mathematik: JPEG kann maximal mit 8 Bit Farbtiefe pro Kanal umgehen. Da es drei Farbkanäle gibt (RGB; Rot, Grün, Blau) kann JPEG also höchstens 8 Bit mal 3 (Kanäle) = 24 Bit an Farben darstellen, weshalb man auch von 24-Bit-RGB spricht.

Für alle Nicht-Mathematiker (wie mich) zur Verdeutlichung, was das konkret bedeutet: JPEG unterscheidet pro 8-Bit-Farbkanal maximal 256 Abstufungen; in seiner 24-Bit-Gesamtheit können demnach bis zu 16.777.216 (rund sechzehn Millionen) Farbabstufungen dargestellt werden – das ist doch eine ganze Menge, oder etwa nicht? Damit Sie sich diese Frage selbst beantworten können, kommen wir nun zum RAW. Die J1 und die V1 zeichnen die Rohdaten jedes Fotos mit 12 Bit Farbtiefe auf. Mit diesen 12 Bit können statt

RAW ODER JPEG

der 256 Abstufungen bei JPEG satte 4.096 Abstufungen pro Farbkanal unterschieden werden – die 16-fache Menge! Stellt man nun die gleiche Berechnung an wie bei JPEG, so ergibt sich: 12 Bit mal 3 (Farbkanäle) ergibt 36 Bit – oder die unglaubliche Zahl von 3.769.753.295.232 (fast drei Komma acht Billionen!) Abstufungen. An dieser Stelle frage ich Sie erneut: Sind die 16,7 Millionen Abstufungen beim JPEG viel? Verglichen mit RAW sind es nichts weiter als Peanuts, um es mal salopp zu sagen.

Lassen Sie sich aber bitte von den ganzen Zahlen, die Sie bis hierhin geschluckt haben, nicht verwirren oder verunsichern. Alles, was Sie sich merken müssen: JPEG ist einfach in der Handhabung und liefert gute Ergebnisse. Alles an Qualität aus Ihrer Nikon 1 herauszuholen, vermag jedoch nur RAW, das zudem noch viel weitreichendere Korrektur- und Nachbearbeitungsmöglichkeiten bietet als JPEG – dafür ist RAW mit einem höheren Arbeitsaufwand verbunden.

Was also ist die richtige Wahl? Die Antwort muss nicht unbedingt entweder oder lauten – aber lesen Sie doch bitte weiter. Neben den Zahlenspielen, die ich hier beleuchtet habe, gibt es noch einen wesentlichen Unterschied zwischen RAW und JPEG. In ein JPEG-Foto sind alle Voreinstellungen (Schärfe, Farbsättigung, Weißabgleich und so weiter) fest

Nur wenn Sie mit dem RAW-Format arbeiten, können Sie alles an Qualität, was die Nikon 1 Kameras zu leisten vermögen, auch zum Vorschein bringen. Aber JPEG ist so schön einfach – eine echte Zwickmühle.

RAW ODER JPEG

„eingebrannt", weil die Kamera diese Parameter beim Abspeichern als JPEG zur Erstellung des endgültigen Fotos berücksichtigt. Doch ein RAW – der englische Begriff „RAW" bedeutet „roh" – ist ganz anders. Hierbei liest der RAW-Converter auf dem Computer die Rohdaten ein, die die Nikon 1 bei der Aufnahme gespeichert hat.

Es handelt sich also zu diesem Zeitpunkt noch gar nicht um ein Foto; deshalb ist RAW, wenn man es genau nimmt, auch kein Bildformat. Daher ist es auch nur mit einem RAW-Konverter möglich, noch nachträglich problemlos (ohne jegliche Qualitätseinbußen, wohlgemerkt!) sehr viel an der Aufnahme zu ändern, zu verbessern oder zu tunen, bevor das Foto „entwickelt" wird:

- Weißabgleich falsch eingestellt? Kein Problem, einfach im RAW-Konverter den richtigen auswählen. ❶

- Der Picture Style passt nicht richtig? Zwei Mausklicks, und der Fehler ist behoben. ❷

- Die Belichtung ist zu dunkel oder zu hell geraten? Im RAW-Konverter ist dies blitzschnell korrigiert. ❸

- Einige Bildbereiche könnten eine nachträgliche Aufhellung vertragen? Auch das ist bei RAW kein Problem. ❹

- Etwas mehr an Bildschärfe würde den letzten Schliff geben? Natürlich geht auch das im Nachhinein. ❺

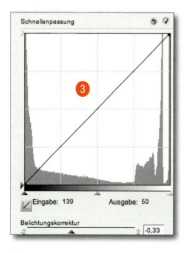

Mit RAW ist aber noch sehr viel mehr möglich, als ich hier auszugsweise gezeigt habe. Mehr dazu erfahren Sie im Kapitel „Software".

RAW ODER JPEG

Das Beste aus zwei Welten

Ich habe Ihnen bisher gezeigt, dass JPEG einfach in der Handhabung und hoch kompatibel ist, aber dass RAW das ungleich flexiblere Format darstellt, aus dem sich darüber hinaus eine bessere Qualität herausholen lässt. Damit sind wir auf dem Weg zur Entscheidung für oder wider RAW oder JPEG allerdings noch nicht weiter gekommen. Deshalb möchte ich Ihnen an dieser Stelle gerne meine persönliche Strategie ans Herz legen, die sich für mich seit Jahren bestens bewährt hat. Und sie geht der Frage „RAW oder JPEG?" ganz elegant aus dem Weg: Ich nutze einfach beides parallel. Warum, das möchte ich Ihnen jetzt zeigen.

Die auf dem links oben gezeigten Menüfoto zu sehende Einstellung ist die, die ich verwende: RAW und JPEG fine parallel. Jedes Mal, wenn die Nikon 1 V1 ein Foto aufnimmt, wird es gleichzeitig als JPEG und RAW gespeichert. Meine Kamera ist dabei mit den Picture Controls bereits auf meine Vorlieben eingestellt.

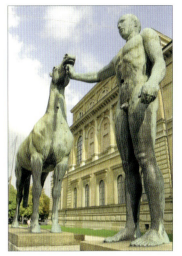

Vergleichen Sie bitte diese Fotos. Halt: Es ist ein und dasselbe Foto! Oben das Ergebnis mit (versehentlich) falschen Einstellungen, unten die nachträglich von mir mit dem RAW-Konverter optimierte Version.

Welchen Vorteil ich von dieser Doppelstrategie habe? Nach dem Überspielen auf meinen Computer kann ich die JPEGs schnell sichten, ohne dass ich erst nachbearbeiten muss. Haben sich meine vorgewählten Einstellungen als passend erwiesen, so ist mein Foto bereits „im Kasten". Doch natürlich kommt es auch vor, dass eben nicht alles perfekt ist. Beispiele zeige ich Ihnen auf der linken Seite. All dies (und vieles mehr) zu korrigieren ist bei der RAW-Bearbeitung mit einem Programm wie Capture NX 2 problemlos möglich – mit JPEG geht das einfach nicht.

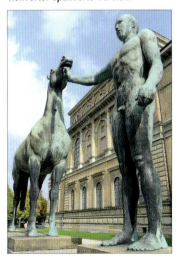

Deshalb bearbeite ich die Fotos, die eine Fehlerbereinigung oder eine Verbesserung vertragen können, nachträglich mit dem RAW-Konverter. Aber: NUR diese Fotos müssen bearbeitet werden! Die Quintessenz: Die meisten Fotos sind als JPEGs perfekt, sofern die Einstellungen gestimmt haben, und ich bei der Aufnahme gut gearbeitet habe; wenige gilt es aber zu bearbeiten. Um dabei einerseits die Qualität vollständig zu erhalten und andererseits so flexibel wie möglich zu sein, erledige ich dies an der RAW-Datei. Fazit: Immer die beste Qualität bei geringst möglichem Aufwand.

RAW ODER JPEG

Beim parallelen Speichern in RAW und JPEG kann es aber durchaus auch sinnvoll sein, JPEG nicht in der größtmöglichen Auflösung zu verwenden, wie ich an nachfolgendem Szenario beschreiben möchte. Achtung: Ich meine die reine Bildgröße, nicht die Qualitätsstufe, denn diese sollte unabhängig von der Größe immer so hoch wie möglich sein!

Ich bin neuen Medien und Gerätschaften immer dann sehr zugetan, wenn diese mir bei meinen Fotoprojekten hilfreich sein können. Und so habe ich vor einer ganzen Weile das iPad entdeckt. Es eignet sich durch sein recht großes und brillantes Display nämlich hervorragend dazu, die eben erst geschossenen Fotos genauestens zu begutachten. Die Bildkontrolle ist also sehr viel präziser, als dies auf den (vergleichsweise) kleinen Displays der Kameras möglich ist.

Die RAW plus JPEG-Strategie bietet sich auch in diesem Fall an: Nachdem die Fotos geschossen sind, überspiele ich (nur) die JPEG-Dateien auf das iPad, und kann mir meine Schüsse so in aller Ruhe und in bester Qualität ansehen. Nun wäre es aber kontraproduktiv, 10-Megabyte-Dateien mit einer Auflösung von 3.872 mal 2.592 Bildpunkten zu überspielen, denn das iPad kann maximal 1.024 mal 768 Bildpunkte darstellen.

Mein persönliches Reise-Dream-Team: Die Nikon 1 V1 und das iPad. Bei handlichem und leichtem Gepäck hat man trotzdem alles dabei, was man zur Erstellung und Begutachtung der geschossenen Fotos braucht.

RAW ODER JPEG

Zudem wäre der (leider nicht erweiterbare) Speicher des iPads viel zu schnell voll. Wenn ich also mit der Kamera und dem iPad unterwegs bin, wähle ich die kleinstmögliche JPEG-Größe „S", das sind 1.936 mal 1.296 Pixel. Das reicht für eine treffsichere Begutachtung der Fotos immer noch locker aus, und geht zudem viel sparsamer mit dem Speicherplatz um, weil es sich jetzt nur noch um Dateien mit 2,5 Megapixel handelt.
Die Kamera-plus-iPad-Kombi hat noch einen weiteren Vorteil: Wenn ich so auf Reisen bin, kann ich abends, zum Beispiel auf dem Hotelzimmer, bereits eine Vorauswahl meiner Fotos treffen. Wieder zu Hause angekommen, weiß ich also schon, welche Fotos ohne Nachbearbeitung zu JPEG gewandelt werden können, und welche Bilder ich im RAW-Konverter erst noch optimieren muss. Das spart viel Zeit, und ich finde es auch ungemein praktisch.

Die hier vorgestellte Kombination funktioniert natürlich nicht nur mit dem iPad (man möge mir die Schleichwerbung verzeihen), sondern auch mit jedem anderen Tablet-Computer oder Netbook, auf die sich JPEG-Fotos überspielen lassen. Selbstverständlich ist auch ein Notebook als Begleiter nicht von der Hand zu weisen; so kann man unterwegs gleich schon Fotos bearbeiten, wenn man mag. Das Reisegepäck ist dann allerdings nicht mehr ganz so handlich.

Auch wenn ich, wie Sie sicher bemerkt haben, von einem Tablet-Computer als Fotobegleiter begeistert bin, macht es natürlich – schon aus rein finanziellen Gründen – nicht wirklich Sinn, sich ein solches Teil nur als Fotobetrachter zuzulegen. Das wollte ich mit der Beschreibung meines eigenen Reisegepäcks auch keineswegs zum Ausdruck bringen. Falls Sie jedoch schon ein iPad oder ein ähnliches Gerät dieser Art besitzen oder mit dessen Kauf liebäugeln, dann kommt hier noch der Hinweis, dass die App-Stores von Tablet-Computern auch sehr viele Foto-Programme zu meist sehr günstigen Preisen anbieten, mit welchen Sie schon unterwegs eine Menge mit Ihren Bildern machen können. Das rettet einen verregneten Urlaubstag und es macht zudem sehr viel Spaß, sich seine bislang geschossenen Fotos in dieser Form anzusehen oder sie Mitreisenden bequem und in hoher Qualität zu präsentieren.

DAS HAUPTMENU

Aufnahme Teil 2

Nach diesem Ausflug zur so wichtigen Frage des Aufnahmeformats kehren wir also wieder zurück zum Ausgangspunkt, dem Kameramenü. Die Bildgröße, die Sie nur bei JPEG (oder RAW+JPEG) einstellen können, haben wir ja schon angerissen. Normalerweise stellen Sie hier die größte Größe ein; für Sonderfälle können Sie natürlich entsprechend reduzieren.

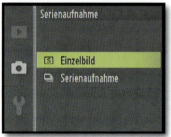

Nächster Punkt: Die Einstellung, ob Sie Einzel- oder Serienbilder schießen wollen. Dazu gibt es nicht viel zu erklären, denn es kommt nur auf die Aufnahmesituation an. Ob Sie im Serienbildmodus mit 10, 30 oder gar 60 Bildern je Sekunde schießen, legen Sie an anderer Stelle im Menü fest.

NUR BEI DER V1: Da die V1 sowohl über einen mechanischen als auch einen elektronischen Verschluss verfügt, können Sie in diesem Menüpunkt zwischen beiden Varianten wechseln. Schneller erledigen Sie dies aber durch Drücken der Funktionstaste „F", da Ihnen so der Weg durchs Menü erspart bleibt.

Und wieder kommen wir zu einem sehr wichtigen Menüpunkt: der Belichtungsmessung. Zwar handelt es sich hier nicht um eine „Glaubensfrage" wie bei RAW und JPEG, aber die richtige Belichtung ist das A und O jedes Fotos. Damit die Kamera korrekt belichten kann, muss sie natürlich auch bestmöglich messen können, denn nicht jede der drei Messmethoden – Matrixmessung, mittenbetonte Messung und Spotmessung – ist für jedes Motiv gleich gut geeignet. Wenn dem so wäre, dann müsste es keine unterschiedlichen Messmethoden geben. Da die richtige Belichtungsmessung aber nicht in drei Sätzen erklärt ist, machen wir auf den folgenden Seiten erneut einen Abstecher vom Kameramenü, um alles im Detail zu beleuchten.

Richtig belichten

Ein modernes Belichtungsmesssystem wie das von Nikon 1 ist weitaus leistungsfähiger als alles, womit man noch vor einigen Jahren auskommen musste. Ältere Systeme haben die Gesamtmenge des einfallenden Lichts gemessen, daraus einen Durchschnittswert gebildet und daran die Belichtung orientiert. Das war besser als nichts, aber je nach Motiv ist dies längst nicht immer genau genug.

Die Matrixmessung war für dieses Foto die passende Methode.

Zur Belichtungsmessung sind in der Elektronik der Kameras einige Tausend Referenzbilder hinterlegt; besser gesagt: deren Messwerte. Wenn Sie den Belichtungsmesser durch halbes Durchdrücken des Auslösers aktivieren, vergleicht die Kamera die aktuell gemessenen Werte mit den hinterlegten Daten. Sie entscheidet sich dann für ein Referenzbild, dessen Werte möglichst weitgehend deckungsgleich mit den Live-Daten sind, und regelt die Belichtung entsprechend.

Klingt kompliziert? Ist es auch. Zumal Sie daran denken müssen, wie schnell das alles geschieht: Im Bruchteil einer Sekunde analysiert die Kamera tausende Messwerte, vergleicht diese mit Referenzwerten, und trifft eine Entscheidung. Eines kann Nikon 1 – wie alle anderen Kameras – jedoch nicht: Erkennen, auf welchen Bestandteil im Bildausschnitt es Ihnen besonders ankommt. Deshalb sollten Sie der Kamera bei der Belichtungsmessung etwas unter die Arme greifen, in dem Sie sich für die jeweils passendste Belichtungsmessmethode der Kameras entscheiden.

RICHTIG BELICHTEN

Universell: Die Matrixmessung

Diese Messmethode wird auch als Mehrfeldmessung bezeichnet. Beide Ausdrücke weisen auf die Arbeitsweise hin: Die Kamera misst mit Hilfe einer speziellen Matrix an sehr vielen Stellen im Bildausschnitt das einfallende Licht.

Dieses Verfahren ist eine Weiterentwicklung der eingangs beschriebenen Durchschnittsmessung, und ist sehr viel präziser und ausgefeilter als der Urvater. Die Matrixmessung eignet sich besonders für Motive wie Landschaften, Architektur oder Gruppenfotos, bei denen es auf die richtige Belichtung des gesamten Bildausschnitts ankommt.

Vorsicht Falle!

Auch der Sensor einer modernen Kamera wie der J1 oder der V1 stößt irgendwann an seine Grenzen. Nämlich dann, wenn im Motiv extreme Kontrastunterschiede gegeben sind. Sehen Sie sich dazu bitte das untenstehende Foto an; es entstand zur Mittagszeit eines sonnigen Herbsttages. Keine fotografische Meisterleistung, aber als Fallbeispiel gut geeignet: Die Sonne, die sich hinter der Statue befand, schien mit solcher Kraft durch die Bäume, dass der Belichtungsmesser der V1 komplett aus dem Tritt gebracht wurde. Resultat: Das Motiv ist viel zu dunkel abgebildet.

Durch den sehr großen Unterschied zwischen der hellsten Stelle (Sonnenschein) und der dunkelsten Stelle (Bildbereich unten rechts) war der Kontrastumfang so groß, dass die Kamera ihn nicht vollständig abbilden konnte. Sie musste sich daher bei der Matrix-Belichtungsmessung für einen Bereich entscheiden: Aufgrund des strahlend hellen Sonnenlichts hat sie dieses als Maßstab für die Belichtung genommen, sodass die Statue im Vordergrund komplett „absäuft", um es salopp zu sagen.

RICHTIG BELICHTEN

Bei der Bildkontrolle vor Ort habe ich die falsche Belichtung bemerkt, sodass ich auf die mittenbetonte Messung bei gleichzeitigem Anmessen des Bereichs der Statue umgeschaltet habe. Das Ergebnis: Nun kann man die Statue von Simon Lamine, die Pan, den syrinxspielenden Gott darstellt und im Nymphenburger Schlossgarten in München zu bewundern ist, endlich gut erkennen. Ich muss jetzt aber damit leben, dass die Bildmitte nun fast keine Zeichnung mehr aufweist. Das ist für das Motiv aber weniger schlimm als die Unterbelichtung der ersten Version.

Muss ich damit leben? Nicht wirklich! Auch ein sehr hoher Kontrastumfang wie der dieses schwierigen Motivs lässt sich weitgehend festhalten, obwohl der Sensor der Nikon dazu eigentlich gar nicht in der Lage ist. Die Zauberworte: „RAW" und „D-Lighting". Im konkreten Beispiel habe ich das in RAW aufgenommene Foto nachträglich mit dem RAW-Converter Capture NX 2 in der Belichtung (für die hellen Partien bestmöglich passend) heruntergeregelt, danach die Schattenpartien mit D-Lighting im Bereich der dunklen Bildanteile wieder deutlich aufgehellt – voilá.

Die (oft bessere) Alternative: Die mittenbetonte Messung

Der Name beschreibt die Arbeitsweise sehr gut: Wie bei der Matrixmessung analysieren die J1 und die V1 eine Vielzahl an Messpunkten. Sie behandeln diese jedoch nicht alle

RICHTIG BELICHTEN

gleich, wie es bei der Matrixmessung geschieht, sondern gewichten die Messpunkte in der Mitte des Bildausschnitts besonders stark. Daher ist die mittenbetonte Messung immer dann bestens geeignet, wenn sich der wichtigste Teil des Bildausschnitts – logisch – in der Mitte befindet. Obwohl die Matrixmessung sicherlich die modernste und aufwändigste Methode ist, die zudem bei den Nikon 1 Kameras ab Werk voreingestellt ist, erzielt man mit der mittenbetonten Messung bei vielen Motiven bessere Ergebnisse.

Bei dieser Landschaftsaufnahme war der Himmel abermals sehr hell; der Wasserkanal hingegen vergleichsweise dunkel. Ich habe die Kamera deshalb auf die mittenbetonte Messung umgeschaltet, weil diese sich nicht so schnell von sehr hellen oder sehr dunklen Bildpartien in den Randbereichen aus dem Tritt bringen lässt, und weil der bildwichtige Teil des Motivs – der schnurgerade Kanal – ja in diesem Fall ziemlich genau in der Mitte liegt. Das Ergebnis: Ein perfekt belichtetes Foto ohne großen Aufwand an Nachbearbeitung.

Deshalb fotografiere ich bei Landschaftsaufnahmen fast ausschließlich mit der mittenbetonten Messung, weil ich so ohne viel Nachbearbeitung in den allermeisten Fällen die besseren Ergebnisse erziele. Wenn auch Sie gerne als Landschaftsfotograf unterwegs sind, dann sollten Sie für sich selbst herausfinden, ob die mittenbetonte Messung vielleicht auch Ihnen bessere Fotos beschert.

Für Perfektionisten

Wenn Sie zu den Fotografen gehören, die nichts dem Zufall überlassen, und gelegentlich auch mal sportlich unterwegs sein möchten, können Sie die Ergebnisse der Belichtungsmessung – und damit Ihre Fotos – noch weiter perfektionieren, wie ich Ihnen an dem nachfolgenden Beispiel zeigen möchte. Das Foto zeigt wieder ein Motiv aus dem Nymphenburger Schlosspark. Ich fand es einfach nett, wie der ältere Herr im Schatten auf der Bank saß und ganz verträumt zum Apollotempel hinüberblickte. Allerdings war die Lichtsituation (wieder mal) vertrackt: Vorne war sehr viel Schatten, und hinten lag der Tempel in der Abendsonne. Um ohne großes Herumprobieren zu einem guten Ergebnis zu kommen, bin ich mit meiner V1 bis an den Rand des Sees gegangen. Dann habe ich den Bildausschnitt mittels des Zooms so bestimmt, dass nur der See, der Tempel und die Bäume dahinter formatfüllend im Bildausschnitt zu sehen waren.

Mit der mittenbetonten Messung habe ich die Szene angemessen und mir die von der Kamera angezeigten Werte gemerkt. Dann bin ich wieder auf meine Ausgangsposition zurückgekehrt, habe die V1 auf den manuellen Modus umgestellt, die gemerkten Werte eingestellt, den Bildausschnitt bestimmt, und das Foto geschossen. Natürlich hat auf diese Weise die Vorbereitung einige Minuten gedauert. Dafür war das Foto beim ersten Auslösen im Kasten, ohne dass ich mit der Belichtung jonglieren musste.

Gestatten Sie mir in diesem Zusammenhang noch einen persönlichen Rat: Nutzen Sie die digitalen Möglichkeiten! Dank des Farbdisplays Ihrer Nikon 1 können Sie jede Aufnahme sofort kontrollieren, und damit böse Überraschungen beim späteren Sichten der Fotos gänzlich ausschließen. Damit es aber nicht bei dieser schönen Theorie bleibt, sollten Sie dies auch wirklich tun. Ganz besonders gilt das natürlich bei schwierigeren Lichtbedingungen. Sehen Sie genau hin, ob die bildwichtigen Partien richtig belichtet sind. Prüfen Sie den Bildausschnitt. Benutzen Sie die Lupe um die Schärfe zu kontrollieren. Passt etwas nicht, dann starten Sie eben einen neuen Versuch – und das sinnvollerweise so lange, bis das Ergebnis auch wirklich so ist, wie Sie es haben möchten.

RICHTIG BELICHTEN

Für Spezialfälle: Die Spotmessung

Die Spotmessung, die nur einen sehr kleinen Teil des Bildausschnitts („Spot") für die Messung heranzieht, ist ein weiterer Versuch der Kamerahersteller, Ihnen unter allen Umständen eine möglichst präzise Belichtung zu erlauben. Mit der Spotmessung können Sie so genau wie mit keiner anderen Methode bestimmen, wo der bildwichtige Teil liegt, also wo die Kamera die Belichtung messen soll.

Mit der Matrixmessung kam ich beim Versuch, dieses Kirchenfenster von innen gegen die Sonne zu fotografieren,

nicht weit, wie die linke der beiden Aufnahmen zeigt. Durch das von hinten einfallende Sonnenlicht war die Belichtungsmessung überfordert. Auch ein Umschalten auf die mittenbetonte Messung brachte nicht das gewünschte Ergebnis – Zeit, die Spotmessung zu aktivieren. Ich habe den Spot auf die untere Hälfte der Stadtszenerie (das mittlere Fenster der zweiten Reihe von unten) gelegt. Mit nur einem einzigen Versuch hatte die Aufnahme dann exakt die Anmutung, die ich gerne erzielen wollte: Die Glaselemente strahlen auf dem Foto genau so schön, wie es vor Ort auch der Fall war.

RICHTIG BELICHTEN

Der Belichtungsmessung unter die Arme greifen

Wenn Sie mit einer der automatischen Belichtungsmessmethoden arbeiten, dann haben Sie bestimmt auch schon festgestellt, dass das Ergebnis nicht immer dem entspricht, was Sie sich vorgestellt haben; egal, welche Messmethode Sie bei der Aufnahme eingestellt haben. Doch kein Grund zur Verzweiflung: Die J1 und die V1 bieten Ihnen einige Belichtungskorrekturmöglichkeiten. Und wenn Sie die kennen, können Sie sie auch für optimale Ergebnisse einsetzen.

Belichtungsspeicherung

Eine der schnellsten und effektivsten Methoden zur Beeinflussung der Belichtung ist die Belichtungsspeicherung. Dazu müssen Sie die Taste „AE-L/AF-L" benutzen, die sich auf der Rückseite der Kamera, an oberer Position auf dem Multifunktionswähler, befindet.

Genau so habe ich es bei diesem Foto gemacht: Um trotz des Gegenlichts die passende Belichtung zu erzielen, habe ich den Bildausschnitt zunächst so gewählt, dass er vollständig von der Statue ausgefüllt war. Dann habe ich den Auslöser halb durchgedrückt um die Belichtungsmessung zu aktivieren, und danach die „AE-L/AF-L"-Taste betätigt und festgehalten. Damit war die Belichtung temporär gespeichert. Danach habe ich den Bildausschnitt gewählt und das Foto geschossen. Natürlich hätte ich auch mit der Spotmessung die Statue anmessen können, um danach die Werte per Hand einzustellen, und dann endlich das Foto zu schießen – Sie merken schon anhand dieser Beschreibung, wieviel länger das nach dieser Methode gedauert hätte.

RICHTIG BELICHTEN

Leider ist das gedrückt Halten der AE-L/AF-L-Taste nicht wirklich bequem, denn Sie müssen ja gleichzeitig auch noch den Bildausschnitt bestimmen und dann auf den Auslöser drücken. Mir ist es öfter passiert, dass ich die AE-L/AF-L-Taste dabei versehentlich losgelassen habe. Damit Sie sicher sind, dass die Taste noch betätigt ist, sollten Sie der Anzeige auf dem Display (oder im Sucher der V1) Aufmerksamkeit schenken: Am unteren Rand wird „AE-L" angezeigt, solange Sie die Taste gedrückt halten.

Belichtungskompensation

Nicht jedem liegt die Methode der Belichtungsspeicherung; nicht zuletzt wegen der oben erwähnten Umständlichkeit. Das ist aber kein Problem, denn es gibt noch eine weitere Methode der Belichtungsanpassung, die oftmals ebenso gut zum Erfolg führt, und die ich zudem als schneller und einfacher in der Handhabung empfinde.

Auf der rechten Seite des Multifunktionswählers sehen Sie ein Plus-/Minus-Symbol. Damit können Sie ebenfalls eine Anpassung der Belichtung vornehmen: Ist der bildwichtige Teil des Fotos zu hell oder zu dunkel geworden (was Sie natürlich nur feststellen können, wenn Sie direkt nach der Aufnahme „brav" eine Bildkontrolle durchführen), drücken Sie die +/- -Taste, regeln die Belichtung mit dem Rad des Multifunktionswählers entsprechend hoch oder runter, und machen erneut ein Foto. Passt es noch nicht ganz, dann regeln Sie einfach nochmals nach – mit der Zeit sammeln Sie immer mehr Erfahrung und brauchen so auch immer weniger Versuche, bis die richtige Kompensation gefunden ist. Die Spanne der Regelmöglichkeit reicht drei Blendenstufen in beide Richtungen; das sollte genug Spielraum geben.

Vorsicht: Die Kompensation behalten die Kameras – **auch nach dem Ausschalten!** – solange bei, bis Sie die Korrektur wieder auf Null stellen. Der Kompensationsgrad wird Ihnen zwar deutlich auf dem Display (und im V1-Sucher) ange-

Der Grad der gewählten Kompensation wird direkt beim Einstellen angezeigt (oben) und ist danach auch auf dem Display zu sehen (unten).

zeigt, dennoch sollten Sie nach einem Foto mit Belichtungskompensation den Wert besser sofort wieder auf die neutrale Mitte regeln, damit Sie die folgenden Fotos nicht versehentlich falsch belichten.

Sonderfall Active D-Lighting (ADL)

Um schwierig zu belichtenden Motiven Herr zu werden, hat Nikon auch dem Nikon 1 System eine interessante Funktion namens „Active D-Lighting" spendiert. Die Arbeitsweise ist schnell erklärt: Die Kamera belichtet das Bild stets so, dass die hellen Bereiche nicht ausreißen – die Belichtung ist deshalb in puncto Helligkeit ziemlich zurückhaltend. Dadurch bleibt zwar in den meisten Fällen immer ausreichend Zeichnung in den hellen Bildpartien, aber die dunklen Bildanteile

verschwimmen zum Brei. Beim Speichervorgang hellt die Kamera-Elektronik die zu dunklen Partien deshalb automatisch wieder auf; genau so, wie man es auch händisch (beispielsweise) mit dem Programm „CaptureNX 2" erledigen kann.

Das Ergebnis sieht anschließend so aus, dass auch ein Motiv mit großem Kontrastumfang sowohl in den hellen, als auch in den dunklen Bereichen richtig belichtet ist. Der Kontrastumfang der Kameras wird durch den Trick mit D-Lighting automatisch erhöht, ohne dass Sie später noch Hand anlegen müssen, wie dieses Beispielfoto mit aktiviertem D-Lighting zeigt: Die Lichtsituation im Innenhof des Münchner Rathauses war ziemlich schwierig. Sehr helle, von der Sonne beschienene Partien wechselten sich mit recht dunklen Schattenbereichen ab. Das automatische D-Lighting hat seine Sache recht gut gemacht, wie ich finde: Die hellen Partien besitzen ebenso genug Zeichnung wie die dunklen Bereiche. Nicht ist überstrahlt, nichts verschwimmt im Dunkeln, das Foto ist von der Belichtung her absolut brauchbar.

RICHTIG BELICHTEN

Die einfache D-Lighting-Funktion bei den Nikon 1 Kameras (oben). Bei Spiegelreflexkameras wie der D5100 ist D-Lighting sehr viel flexibler ausgelegt (unten).

Es ist jedoch so, dass Nikon das Active D-Lighting bei der J1 und der V1 nur sehr vereinfacht implementiert hat, was die Wahlmöglichkeit angeht: Sie können es ein- oder ausschalten, wie der obere Screenshot zeigt – mehr nicht. Bei den Spiegelreflexkameras von Nikon sieht die Sache hingegen anders aus: Dort können Sie Active D-Lighting nicht nur aktivieren, sondern der Kamera auch vorgeben, mit welcher Stärke sie die „Bildbearbeitung" anwenden soll, wie der untere Screenshot einer D5100 erkennen lässt.

Diese Vereinfachung ist sicherlich dem betont und bewusst einfach gehaltenen Bedienkonzept des Nikon 1 Systems geschuldet und somit nachvollziehbar. Dennoch hätte ich es besser gefunden, auch bei der J1 und der V1 – zumindest eine gewisse – Auswahlmöglichkeit bereit zu stellen, aus der der Fotograf je nach Situation die Stärke der Funktion selbst bestimmen kann, wenn er möchte. Da dem aber nun einmal nicht so ist, müssen Sie sich grundsätzlich entscheiden: an oder aus. Damit Ihnen diese Wahl etwas leichter fällt, möchte ich Ihnen nun darlegen, wo die Vor- und Nachteile der automatischen D-Lighting-Funktion (ADL) liegen.

Wozu ADL überhaupt gut ist, und dass es in der Regel auch gut funktioniert, haben Sie anhand meiner Beschreibung der Funktionsweise sowie am Beispielfoto auf der vorherigen Seite bereits sehen können: D-Lighting ist zweifellos eine nützliche Funktion. Sollte man es deshalb nicht immer eingeschaltet lassen? Ganz klares Jein. Denn es kommt stark darauf an, wie Sie fotografieren. Falls Sie zu den Fotografen gehören, die in JPEG schießen und Ihre Fotos hinterher nicht weiter nachbearbeiten, dann sollten Sie sich für ADL entscheiden, denn es verbessert Ihre Fotos.

Bei RAW-Anhängern ist aber Vorsicht geboten: Nur dann, wenn Sie Ihre Fotos mit Capture NX2 oder View NX2 nachbearbeiten, wird die D-Lighting-Funktion von der Software auch erkannt. Alle anderen Programme wie beispielsweise Photoshop Elements ignorieren D-Lighting: Öffnen Sie eine RAW-Datei mit ADL in einer solchen Software, werden Sie ein viel zu dunkel belichtetes Foto erhalten. Deshalb sollten Sie ADL nur dann aktivieren, wenn Sie (zumindest zur RAW-Umwandlung) ausschließlich mit Nikon-Software arbeiten!

RICHTIG BELICHTEN

Das kommt dabei heraus (oben), wenn ein Bildbearbeitungsprogramm, das die Active D-Lighting-Informationen der RAW-Datei nicht verwerten kann, ein Foto mit aktivem ADL öffnet. Die untere Version hingegen wurde zwar ohne ADL aufgenommen, aber nachträglich am Computer per Hand in den Schatten- und Lichterpartien optimiert. Mit dieser zeit-

und arbeitsaufwändigeren Methode lässt sich die Aufhellung viel feiner dosieren und auch nur auf Teilbereiche anwenden, wenn es dem Motiv dienlich ist.

Aufnahme Teil 3

Kaum kehren wir zum Aufnahmemenü zurück, wird es auch schon wieder Zeit für den nächsten Umweg, denn abermals steht uns ein sehr wichtiger Menüpunkt ins Haus. Diesmal handelt es sich um den Weißabgleich: Er kann die Farbanmutung jedes Fotos maßgeblich beeinflussen.

Weißabgleich

Digitalfotografen von heute haben es leicht. Jede digitale Kamera hat einen automatischen Weißabgleich eingebaut, der stets für die richtige Farbsensibilisierung sorgt. Für jedes einzelne Foto passt Ihre Nikon 1 den Weißabgleich wieder neu an, um immer neutrale Farben zu liefern.

Das war zu analogen Zeiten, wenn Sie mir diesen kleinen Ausflug in die Vergangenheit gestatten, noch eine ganz andere Geschichte: Mit der Auswahl des Films hat man die Farbstimmung schon im Voraus festgelegt. Daran ließ sich nichts ändern, solange dieser Film in der Kamera eingelegt war. Das Höchste der Gefühle waren Farbfilter, die man vor das Objektiv schrauben konnte, um die Farbstimmung des Films etwas zu beeinflussen. In bestimmten Situationen jedoch macht es auch heute noch – oder wieder – Sinn, sich auf eine ganz bestimmte Farbstimmung festzulegen und die Farbwiedergabe nicht der Kamera-Automatik zu überlassen.

Beispiel eins: Schwierige Lichtsituationen

Bei meiner Tour durchs Münchner Umland, von der Sie bereits einige Aufnahmen gesehen haben, war ich auch in einer Kirche zu Gast. Dort gab es ein sehr schönes und auch wunderbar verziertes Deckengemälde, das ich gerne fotografieren wollte. Gesagt, getan: Ich habe die V1 aus meiner Tasche geholt, den (lautlosen) elektronischen Verschluss aktiviert, und das Bild geschossen.

Die anschließende Bildkontrolle war jedoch sehr enttäuschend, denn die Farben stimmten überhaupt nicht, wie Sie am oberen Foto auf der gegenüberliegenden Seite unschwer erkennen können. Was war geschehen?

WEISSABGLEICH

Auf den ersten Blick sieht dieses Deckengemälde nicht nach einem schwierigen Motiv aus. Dennoch hat der automatische Weißabgleich der V1 hier schlicht versagt. Das ist aber kein Anlass zur Klage oder zur Kritik, denn die Aufnahmebedingungen waren sehr viel kniffliger als es den Anschein hat: Die Kirche wurde von der Sonnenseite durch mehrere große Fenster reichlich mit Tageslicht beleuchtet. Darüber hinaus gab es aber eine, quer über die gesamte Kirche verteilte, große Anzahl an künstlichen Lichtquellen: Normale Glühbirnen, Halogenstrahler und Kerzen; jede dieser Quellen weist bekanntlich eine ganz unterschiedliche Farbtemperatur auf.

Nun versetzen Sie sich in die Lage der V1 und ihrer „Gedanken": Tageslicht, zwei verschiedene Sorten Kunstlicht, Kerzenlicht – worauf soll der Weißabgleich eingestellt werden? Was mit unseren Augen – natürlich im Zusammenspiel mit unserem Gehirn – vollautomatisch, treffsicher und blitzschnell abläuft, ist auch für eine noch so moderne Digitalkamera eine schwierige Sache, wenn so viele so unterschiedliche Farbtemperaturen am Aufnahmeort zusammentreffen.

Die Kamera entschied sich für Tageslicht. Das war ein Fehler, denn es hat die Farben ziemlich verfälscht. Erst eine manuelle Weißabgleichs-Einstellung auf Kunstlicht brachte in diesem Fall hinsichtlich der Farben das natürlichste Endergebnis.

WEISSABGLEICH

Beispiel zwei: Lichtstimmungen bewusst erzeugen

Dieses Foto habe ich nachmittags im Schlossgarten von Nymphenburg aufgenommen. Das obige Beispiel ist mit automatischem Weißabgleich geschossen: Die V1 hat alles richtig gemacht, denn genau so sah es vor Ort tatsächlich aus. Irgendwie ritt mich jedoch der Teufel: Die goldenen Leuchter, das hochherrschaftliche Gebäude, der schier unendliche Garten, die Statuen – irgend etwas trieb mich um; ich wollte meinem Foto eine ungewöhnliche, besondere Stimmung verleihen.

Also habe ich mit dem manuellen Weißabgleich so lange herumexperimentiert, bis das untere Foto dabei heraus gekommen ist. Fairerweise muss ich hinzufügen, dass ich später am Computer zusätzlich noch einen Verlaufsfilter über das Bild gelegt habe, um den Himmel dunkler zu machen. Auf jeden Fall ist es jetzt von der Farbe

her eigentlich völlig falsch, doch es hat genau die Lichtstimmung, die ich haben wollte – das Ergebnis ist aus meinem persönlichen Blickwinkel perfekt, denn so hatte ich es mir vorgestellt. Es ist also durchaus auch mal erlaubt, die Farbstimmung eines Fotos mit dem Weißabgleich kreativ zu manipulieren, wenn es dem Ergebnis dienlich ist.

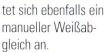

Beispiel drei: Fotoserien

Wenn Sie unter Lichtbedingungen, die Sie nicht (ausreichend) kontrollieren können, Serien von Fotos schießen möchten, bietet sich ebenfalls ein manueller Weißabgleich an.

Sehen Sie sich bitte die beiden obigen Fotos an. Sie entstanden im Abstand von wenigen Minuten und liegen räumlich nur einige Meter auseinander. Beim linken Foto dringt die Sonne stärker durch die Bäume als beim rechten Foto. Rechts ist ein knorriger Baum dominant im Vordergrund; links nicht. Die Folge: Der automatische Weißabgleich hat zwei unterschiedliche Lichtstimmungen erzeugt, weil er zwei vermeintlich verschiedene Farbsituationen „gesehen" hat.

Neuer Versuch, diesmal für beide Motive mit fester Einstellung auf „Tageslicht > Schatten". Jetzt ist die Lichtstimmung für beide Fotos, und natürlich auch für alle anderen, die ich an diesem Morgen noch im Wald geschossen habe, gleich. Für Fotoserien aller Art, die bei wechselndem Licht stattfinden, ist der manuelle Weißabgleich also unbedingt der Automatik vorzuziehen.

WEISSABGLEICH

Nachfolgend stelle ich Ihnen die festen Weißabgleichs-Einstellungen vor, über die die J1 und V1 verfügen. Sie werden sehen: Das sind eine ganze Menge. Aber zum Glück ist die richtige Auswahl meistens selbsterklärend. Und für schwierige oder besondere Fälle gibt es noch zwei Tricks, die ich Ihnen im Anschluss zeigen möchte.

Auto
Das ist die Einstellung, mit der Sie in den meisten Fällen fotografieren werden – und auch sollten. Moderne Kameras wie die Nikon 1 Modelle haben einen so ausgefeilten und hervorragend funktionierenden automatischen Weißabgleich an Bord, dass Sie in aller Regel – aber nicht immer – damit sehr gute Ergebnisse erzielen können.

Kunstlicht
Diese Option bietet sich an, wenn Sie bei Glühbirnen-Licht fotografieren wollen. Doch Achtung: Die Farbtemperatur ist auf herkömmliche Glühbirnen geeicht, nicht auf die neueren Energiesparlampen, die eine andere Temperatur besitzen! Deshalb: Für herkömmliche Birnen ja, für Sparbirnen sollten Sie es mit dem nächsten Eintrag probieren.

Leuchtstofflampe
Das Licht einer Leuchtstofflampe erzeugt eine andere Farbtemperatur als normale Glühbirnen. Deshalb sollten Sie diese Voreinstellung ausprobieren, wenn es sich vor Ort nicht um Birnen, sondern um Röhren handelt. Übrigens ist die Einstellung „Leuchtstofflampe" meistens auch dann die richtige Wahl, wenn die Aufnahmeszenerie mit Energiesparlampen beleuchtet ist, wie oben bereits erwähnt.

Direktes Sonnenlicht
Mittags am Strand oder hoch oben auf der Skipiste ist diese Einstellung die empfehlenswerteste – aber natürlich nicht nur dort, sondern auch in allen anderen Situationen, in denen die Sonne so richtig vom Himmel „knallt".

WEISSABGLEICH

Blitzlicht
Falls Sie tagsüber einen Aufhellblitz benutzen, kann die feste Einstellung auf Blitzlicht bessere (weil neutralere) Ergebnisse liefern als der automatische Weißabgleich. Wenn ich draußen den Aufhellblitz benutze, stelle ich persönlich sehr oft den Weißabgleich manuell auf Blitzlicht ein.

Bewölkter Himmel
Wenn Wolken über den Himmel ziehen, ändert sich die Lichttemperatur und damit auch die Lichtsituation permanent. Um konstante Ergebnisse zu erzielen, wie ich es auch auf der vorherigen Doppelseite für Fotoserien gezeigt habe, empfiehlt sich daher die manuelle Einstellung auf den bewölkten Himmel, sodass alle Fotos später auch in diesem Fall die gleiche Lichttemperatur aufweisen.

Schatten
Schatten ist nicht gleich Schatten, da auch dessen Lichttemperatur sich mit wechselndem Umgebungslicht ändert. Deshalb auch hier wieder die bereits bekannte Regel: Für gleich bleibende Ergebnisse sollten Sie besser die entsprechende Einstellung manuell vorwählen.

Wieder so eine schwierige Lichtsituation, diesmal auf dem Oktoberfest. Im Bildausschnitt des Karussels ist ausschließlich Kunstlicht vorhanden. Die V1 hatte also kaum eine Chance, sich richtig zu orientieren. Deshalb ist das Foto mit automatischem Weißabgleich auch meilenweit von den korrekten Farben entfernt (linke Hälfte). Zum Glück gibt es aber die manuelle Einstellung „Leuchtstofflampe", die in diesem Fall das natürlichste Ergebnis hervorgebracht hat, wie in der rechten Bildhälfte zu sehen ist.

115

WEISSABGLEICH

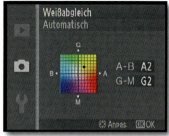

Weißabgleich feintunen

Manchmal ist es ganz schön nervig: Egal, welche Weißabgleichs-Einstellung Sie nehmen – keine passt hundertprozentig, die Farben werden nicht korrekt wiedergegeben. Oder aber Sie möchten ein bestimmtes Motiv ganz bewusst farblich verändern; beispielsweise eine Szene in ein wärmeres oder kühleres Licht tauchen, um damit eine besondere Atmosphäre im Foto zu schaffen.

Kein Problem, auch das ist machbar. Es funktioniert recht einfach: Wählen Sie zunächst den (grob) passenden Weißabgleich manuell aus; in meinem Beispiel habe ich es beim automatischen Abgleich belassen. Nun drücken Sie rechts auf den Multifunktionswähler. Es öffnet sich ein neues Menübild, in dem ein Farbraster zu sehen ist. Mit dem Multifunktionswähler können Sie nun die Farbanmutung (durch Bewegen des kleinen schwarzen Vierecks) nach Wunsch verschieben. Es wird Ihnen dabei sofort angezeigt, in welche Farbrichtung Sie den Wert verschieben; sowohl visuell im farbigen Quadrat, als auch durch einen Zahlenwert.

Diese Verschiebung ist übrigens nicht absolut, sondern relativ: Selbst wenn Sie die Farbe bis in eine der äußeren Ecken verschieben, wird das Foto nicht komplett in dieser Farbe gefärbt, sondern nur in Richtung dieser Farbe verfärbt, wie die beiden Fotos meiner Tastatur zeigen: Links mit normalem Weißabgleich, rechts mit einer extremen Weißabgleichsverschiebung Richtung Blau-Violett.

Aber Achtung: Wenn Sie den Weißabgleich manuell verschieben, dann ist diese Einstellung dauerhaft in der Kamera hinterlegt! Sie erkennen dies an einem kleinen Sternchen hinter der Bezeichnung der Weißabgleichseinstellung. Denken Sie also immer daran, eine Verschiebung sofort wieder zurück zu setzen, wenn sie nicht mehr gebraucht wird, da sonst alle nachfolgenden Fotos unweigerlich verfärbt werden würden.

WEISSABGLEICH

Eigenen Weißabgleich messen

Wenn es äußerst genau auf einen neutralen Weißabgleich ankommt, oder wenn die vorherrschenden Lichtbedingungen sehr schwierig sind, ist die eigene Messung vor Ort die beste Methode – auch das beherrschen die Kameras. Gehen Sie im ersten Schritt ins Aufnahmemenü und dort zur Rubrik Weißabgleich. Scrollen Sie ganz nach unten bis zum Eintrag „PRE Eigener Messwert". Drücken Sie auf dem Multifunktionswähler nach rechts und dann auf „Ja".

Jetzt erscheint der links gezeigte Dialog. Und nun machen Sie genau das, was der Text Ihnen sagt: Sie nehmen ein weißes (Blatt Papier) oder ein graues (Graukarte) Objekt auf. Die Entfernungseinstellung ist unerheblich; wichtig ist aber, dass das weiße oder graue Objekt das Bildfeld komplett ausfüllt. Zudem sollten Sie die Messung möglichst exakt am Ort der späteren Aufnahme durchführen.

Sobald Sie das Weißabgleichsfoto erfolgreich geschossen haben, werden Sie durch die links abgebildete Meldung darauf hingewiesen. Sollte etwas nicht richtig klappen – wenn man das noch nie gemacht hat, kann das vorkommen – dann versuchen Sie es einfach noch einmal; es ist wirklich nicht schwerer als ein Foto zu schießen.

In der Informationsanzeige ist nun das Kürzel „PRE" zu sehen, das Sie darauf hinweist, dass Sie mit einem selbst gemessenen Weißabgleich arbeiten. Wenn Sie die Szenerie verlassen und wieder „normal" fotografieren möchten, müssen Sie auch hier unbedingt daran denken, den Weißabgleich wieder zurück zu setzen, weil sich sonst unerwünschte Farbverschiebungen ergeben.

Der selbst gemessene Weißabgleich ist, wenn er exakt durchgeführt wird, mit Abstand der Genaueste. Falls Sie öfter so fotografieren wollen, dann sollten Sie nicht zu einem weißen Blatt Papier, sondern zu einer Graukarte greifen, die für wenige Euro im Fachhandel erhältlich ist.

DAS HAUPTMENÜ

Aufnahme Teil 4

Nun wäre es eigentlich an der Zeit, wieder zum Aufnahmemenü zurückzukehren, und uns dem nächsten Menüpunkt zu widmen. Aber ich finde: Bevor wir dies tun, sollten wir uns zusammen wieder einige Fotos ansehen.

DAS HAUPTMENU

Ich habe Ihnen diesmal eine Auswahl zusammengestellt, bei der die Aufnahmebedingungen für jedes Foto aus verschiedenen Gründen eher schwierig waren. Worin die Schwierigkeiten bestanden, habe ich im jeweiligen Foto vermerkt. Anhand der Beispiele können Sie aber erkennen, dass für die V1 kein unlösbares Problem darunter war.

Gleißendes Sonnenlicht (reflektiert vom Gebäude links) trifft auf sehr viel Schatten (Vordergrund und rechte Bildhälfte). Die V1 hat dennoch selbständig die perfekte Belichtung gefunden.

• 1/125s, f4,2, ISO 100, 16,3mm (44mm KB)

DAS HAUPTMENU

Der sehr dunkle Raum der Almhütte wurde nur durch ein kleines Fenster beleuchtet. Die Belichtung ist trotzdem auf den Punkt gelungen. ISO 1600 – sehen Sie (störendes!) Bildrauschen?

• 1/10s, f3,5, ISO 1600, 10mm (27mm KB)

DAS HAUPTMENÜ

• 1/60s, f4,2, ISO 100, 15,7mm (42mm KB)

Bei beiden Fotos auf dieser Seite gibt es sehr starke Hell- Dunkel-Kontraste im Motiv. In beiden Fällen ist die Belichtung treffsicher, die Farben stimmen, Details werden sauber aufgelöst. Zwei Mal souverän von der V1 gelöst.

• 1/30s, f3,5, ISO 450, 11,4mm (31mm KB)

DAS HAUPTMENU

• 1/500s, f4,5, ISO 100, 12,2mm (33mm KB)

Schwieriger Weißabgleich: Sowohl das obige als auch das untere Motiv gaben der V1 nur sehr wenige Anhaltspunkte um den Weißabgleich richtig zu treffen. In beiden Fällen hat es dennoch perfekt funktioniert.

• 1/60s, f5,6, ISO 500, 10mm (27mm KB)

DAS HAUPTMENU

• 1/160s, f3,5, ISO 160, 10mm (27mm KB)

Erneut zwei Motive, bei denen sich sehr helle und sehr dunkle Bereiche im Bildausschnitt befinden. Abermals ließ sich die V1 nicht in die Irre führen und hat die Belichtung optimal vorgenommen.

• 1/125s, f4,2, ISO 110, 14mm (38mm KB)

Aufnahme Teil 5

Die ISO-Einstellung

Im nächsten Auswahlpunkt des Aufnahmemenüs definieren Sie die ISO-Empfindlichkeit. Dazu haben Sie unterschiedliche Möglichkeiten: Entweder stellen Sie eine feste Empfindlichkeit ein, oder Sie entscheiden sich für einen Empfindlichkeitsbereich. Doch was ist ratsam? Grundsätzlich lässt sich (für jede Digitalkamera) sagen: Je niedriger die gewählte ISO-Stufe, desto besser – weil rauschärmer – ist das spätere Foto. Deshalb könnte man nun auf die Idee kommen, stets nur den kleinsten Wert von ISO 100 einzustellen, weil so immer die optimale Qualität erreicht wird. Das können Sie durchaus auch tun; professionelle Studiofotografen zum Beispiel arbeiten normalerweise täglich so.

Jetzt kommt der Haken: Durch die Beschränkung auf ISO 100 wird die Kamera, und damit auch Sie, in der Praxis stark eingeschränkt. Blättern Sie bitte zurück zu „Die geheime Belichtungsautomatik". Alles, was ich Ihnen dort beschrieben habe, können Sie glatt vergessen, wenn Sie sich auf einen festen ISO-Wert beschränken. Die Sache mit dem ISO-Wert ist also nicht ganz so einfach. Aber keine Angst: Ich helfe Ihnen dabei, den für Sie bestmöglichen Lösungsweg recht schnell zu finden.

Möglichkeit eins: Mit festen Werten arbeiten

Wie schon gesagt: Das können Sie durchaus so handhaben. Sie beginnen zum Beispiel mit ISO 100 zu fotografieren. Wenn Sie dabei feststellen, dass die Lichtverhältnisse am Aufnahmeort dafür zu dunkel sind, erhöhen Sie den ISO-Wert manuell so lange, bis es passt. Das erfordert natürlich sehr viel Sorgfalt und Aufmerksamkeit, weil Sie stets alle Parameter im Blick haben müssen, bringt permanente Einstellarbeiten mit sich und verlangsamt so Ihre Arbeitsweise, sodass etwa Sportfotografie damit fast unmöglich ist.

Falls Sie aber vom Stativ aus ein statisches Motiv fotografieren, wie es bei der Landschafts- oder Architekturfotografie der Fall ist, oder wenn Sie in einem gut ausgeleuchteten Raum Objekte zum Beispiel für eine Auktion fotografieren möchten, dann ist der Weg der manuell eingestellten und niedrig gehaltenen ISO-Stufe perfekt geeignet.

Möglichkeit zwei: Einen ISO-Bereich wählen

Fangen wir mit dem zuletzt Gesagten an: Wenn Sie ein Landschafts- Architektur- oder Objektfoto schießen wollen, macht die Wahl eines festen ISO-Werts Sinn, wie wir festgestellt haben. Jedoch arbeiten Sie höchstwahrscheinlich nicht immer im Studio oder vom Stativ aus. Handliche Kameras wie die Nikon V1 oder J1 sind ja auch geradezu prädestiniert für den lockeren Schuss aus der freien Hand.

Deshalb ist es in den meisten Fällen die sinnvollere Wahl, sich für einen ISO-Bereich zu entscheiden. Und schon taucht die Frage auf: Für welchen Bereich? Denn die Kameras bieten gleich drei Spannen an: ISO 100 – 400, ISO 100 – 800 sowie ISO 100 – 3.200. Klar ist: Je größer der Bereich, desto flexibler sind Sie bei Ihren Fotos, denn die Kamera kann die Empfindlichkeit in weiten Grenzen nachregeln. Klar ist aber auch: Je höher der ISO-Wert geht, desto größer ist die Gefahr, unerwünschtes Bildrauschen zu erzeugen – vergleichen Sie dazu die entsprechenden Beispiele aus dem Testlabor.

Ich kann hier keine eindeutige Empfehlung aussprechen, denn welche Spanne für Sie die geeignetste ist, hängt sehr stark davon ab, was und wie Sie am häufigsten fotografieren. Generell bin ich aber der Überzeugung, dass die mittlere Bandbreite, also ISO 100 – 800, den besten Kompromiss darstellt. Mit dieser Spanne kommen Sie im wahrsten Sinne des Wortes gut über den Tag, weil ISO 800 tagsüber nahezu immer ausreichen, und gleichzeitig halten Sie das Bildrauschen weitestgehend auf einem unkritischem Niveau.

Bei ISO 800 wie auf diesem Foto ist eine hohe Auflösung mit nur wenig Bildrauschen bestens vereint.

PICTURE CONTROL

Beim nächsten Menüpunkt namens „Picture Control"handelt es sich erneut um eine sehr wichtige Voreinstellung, die einer ausführlichen Vorstellung bedarf. Besonders dann, wenn Sie Ihre Fotos als JPEG speichern und auf RAW verzichten wollen. Beim RAW können Sie die passende Einstellung auch später vornehmen – doch der Reihe nach.

Picture Control

Mit dieser Funktion gibt Ihnen Nikon ein sehr mächtiges Werkzeug an die Hand, dessen Bedeutung oft unterschätzt oder gar übersehen wird. Picture Control ist nichts weniger als die Zentrale, die die Anmutung Ihrer Fotos maßgeblich bestimmt. Das Beste daran: Sie müssen sich nicht mit festen Voreinstellungen begnügen, sondern können Ihre ganz persönlichen Bildstile kreieren, die sich auch abspeichern lassen. Mit anderen Worten: Mit Picture Control verwandeln Sie irgend eine Nikon 1 in Ihre persönliche Nikon 1.

Standard

Mit dieser Einstellung wird die Kamera ausgeliefert; sie passt nach Nikons Meinung auf die meisten Motive. Kontrast, Helligkeit, Farbsättigung und Farbton sind jeweils auf den Mittelwert eingestellt; die Bildschärfung steht auf Stufe 3 (von 9). Die Standard-Einstellung ist durchaus ein guter Ausgangspunkt für die ersten Versuche.

Neutral

Die neutrale Konfiguration setzt auf das Motto „Weniger ist oftmals mehr". Alles ist gegenüber der Standard-Einstellung zurückhaltender; besonders die Nachschärfung und die Kontrastkurve sind sichtbar zurückgenommen. Fotos mit der Einstellung „Neutral" wirken auf den ersten Blick nicht besonders knackig, ja geradezu flau – sind dafür aber sehr natürlich. Mehr dazu am Ende dieses Kapitels.

„Neutral" ist überdies die Einstellung der Wahl, wenn Sie Ihre Fotos regelmäßig in einem Bildbearbeitungsprogramm nachbearbeiten. Da hier alle Parameter nur sehr verhalten dosiert sind, kann ein „Neutral"-Foto später am Rechner (zum Beispiel) sehr feinfühlig nachgeschärft werden.

PICTURE CONTROL

Brillant

Die Bezeichnung lässt es schon vermuten: Mit dieser Einstellung kommen intensive, poppige Fotos heraus. Kontrast, Farbsättigung und Bildschärfe sind angehoben. Die so geschossenen Fotos mögen zunächst klasse wirken, weil sie einen geradezu „anspringen". Ich halte „Brillant" jedoch für deutlich zuviel des Guten, da insbesondere die stark gesättigten Farben nicht mehr sehr natürlich erscheinen; die Fotos werden einfach viel zu bunt. Der hohe Kontrast lässt zudem in Schattenbereichen oftmals Details „absaufen", was auch nicht gut zu einem natürlichen Foto passt.

Dennoch muss ich eine Lanze für „Brillant" brechen, denn in einer ganz bestimmten Aufnahmesituation gibt es keine bessere Voreinstellung: bei miesem Wetter. Wenn der Himmel verhangen ist und deshalb nur wenige Sonnenstrahlen durchdringen, ist jedes Motiv auch nur wenig glanzvoll. „Brillant" wirkt dem jedoch gut entgegen und kann auch dann noch Fotos von hoher Leuchtkraft erzeugen.

Bei diesem Foto eines alten Sägewerks war das Wetter zwar schön. Aber durch die sehr hohen Bäume ringsum lag der Holzbau komplett in tiefem Schatten. Mit meiner Standardeinstellung (oben) fand ich das Foto deutlich zu flau. Eine Umstellung auf „Brillant" (unten) hauchte dem Motiv erst das nötige Leben ein.

PICTURE CONTROL

Monochrom
Mit dieser Einstellung können Sie Schwarzweiss-Aufnahmen schießen. Nun mögen Sie sich fragen: Wieso sollte ich das tun, denn ich kann doch jedes Farbfoto in der Bildbearbeitung in Schwarzweiss umwandeln? Richtig, aber: Wenn Sie in Farbe fotografieren, nehmen Sie manche Aspekte oftmals nicht wahr, die nur in einem Schwarzweiss-Foto zur Geltung kommen. In Schwarzweiss fotografiert man ganz anders. Wenn Sie also wissen, dass Sie eine Schwarzweiss-Serie aufnehmen wollen, dann sollten Sie auch die entsprechende Einstellung auswählen, damit Ihnen kein lohnendes Monochrom-Motiv entgeht.

Die Eleganz dieses Trägerelements einer alten Fabrikhalle wäre mir nie ins Auge gestochen, wenn ich nicht in Schwarzweiss fotografiert hätte.

Die Kameras greifen Ihnen übrigens sehr hilfreich unter die Arme: Haben Sie Monochrom gewählt, dann ist auch die Anzeige des Displays (und des Suchers der V1) in schwarzweiss. Probieren Sie es einfach mal aus – Sie werden bemerken, dass bekannte Dinge plötzlich ganz neu aussehen.

PICTURE CONTROL

Der schwarzweisse Bildstil hat übrigens hinsichtlich seiner Einstellmöglichkeiten noch einige Besonderheiten aufzuweisen, auf die ich nach der Besprechung der übrigen Picture Control-Varianten noch eingehen werde.

Porträt
Der Name sagt es schon: Diese Einstellung ist für Fotos von Personen gedacht. Kontrast und Farbsättigung sind zurückgenommen, die Bildschärfe ist ebenfalls nur verhalten. Die Farben sind auf Hauttöne optimiert. Experimentieren Sie bei Personenfotos mit der Porträt-Einstellung, um deren Auswirkung selbst zu erfahren. Ich finde sie für Porträts wirklich sehr gut geeignet.

Landschaft
Die Landschafts-Einstellung ist wie folgt konfiguriert: Die Bildschärfe ist ebenso angehoben wie der Kontrast und die Farbsättigung. Letztere ist jedoch nicht über das gesamte Farbspektrum verstärkt, sondern vornehmlich bei den Farben Blau und Grün – also für den Himmel (oder das Wasser) und die Wiese (oder den Wald), wie es in der Natur sehr häufig vorkommt. Mir persönlich ist die Landschafts-Einstellung ebenso wie die „Brillant"-Konfiguration einfach zu bunt, weshalb ich sie eher selten nutze.

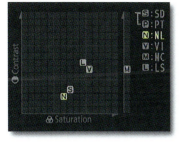

Übrigens: Wenn Sie sich im Menü in den Picture Controls befinden, zeigt Ihnen die Kamera nach Betätigen der Lupenfunktion (kleine Wippe nach oben drücken) genau an, wie die gewählte Einstellung hinsichtlich des Kontrastverhaltens und der Farbsättigung auf einer Skala einzuordnen ist. Die aktive Einstellung ist gelb hervorgehoben.

Picture Controls individuell anpassen
Wie eingangs bereits erwähnt, sind Sie keineswegs nur an die vorgegebenen Standardkonfigurationen gebunden, sondern können diese auch ganz nach Wunsch verändern. Dazu müssen Sie zunächst eine Konfiguration auswählen; in meinem Beispiel „Standard". Haben Sie die Einstellung aktiviert, bestätigen Sie nun aber nicht einfach mit „OK", sondern drücken auf dem Multifunktionswähler nach rechts, worauf eine weitere Anzeige erscheint.

PICTURE CONTROL

Hier können Sie nun die gewählte Voreinstellung verändern. Wenn Sie jetzt einfach nochmals rechts auf den Multifunktionswähler drücken, befinden Sie sich in der Schnellanpassung. Sie können dann mit dem Multifunktionswähler alle Parameter auf einmal erhöhen oder abschwächen; in diesem Fall habe ich eine Erhöhung eingegeben. Manche Werte behält die Kamera in der Schnellanpassung allerdings bei; in diesem Fall sind das Helligkeit und Farbton.

Die Anpassungen können Sie aber auch feinfühliger eingeben, indem Sie nicht die Schnellanpassung wählen, sondern den Multifunktionswähler nach unten statt nach rechts drücken. Jetzt können Sie Scharfzeichnung, Kontrast, Helligkeit, Farbsättigung und Farbton individuell einstellen. Dabei müssen Sie natürlich nicht alle Parameter verändern: In diesem Beispiel habe ich nur die Scharfzeichnung angehoben; alles andere ist auf den Standardwerten.

Auto-Picture Control

Bei den Picture Control-Einstellungen wird eine Option oft übersehen: Sie können die Parameter nämlich nicht nur erhöhen oder abschwächen, sondern die jeweilige Stärke auch der Kamera überlassen. Ganz links am Rand befindet sich bei der Scharfzeichnung, dem Kontrast und der Farbsättigung ein „A" für Auto.

Wenn Sie diese Automatik einstellen, analysiert die Kamera für jede einzelne Aufnahme das Motiv und regelt die genannten Parameter automatisch und individuell ein. Mein Tipp: Testen Sie die Auto-Einstellung einmal ausgiebig. Ich finde sie extrem nützlich, weil sie nicht mit starren Voreinstellungen arbeitet, sondern sich immer wieder aufs Neue an das jeweilige Motiv anpasst.

Sonderfall Monochrom

Wenn Sie in der Monochrom-Einstellung Veränderungen vornehmen möchten, wird Ihnen beim Auswählen des entsprechenden Menüs auffallen, dass die Optionen von anderen Picture Controls abweichen. Während Scharfzeichnung, Kontrast und Helligkeit vorhanden sind, fehlen hingegen die Einstellregler für Farbsättigung und Farbton. Logisch, denn hier geht es ja um Schwarzweiss.

PICTURE CONTROL

Viel interessanter sind jedoch zwei weitere Optionen, die es nur hier gibt: „Filtereffekte" und „Tonen". Mit der ersten Einstellung können Sie Farbfilter simulieren wie sie in der analogen Schwarzweiss-Fotografie häufig angewandt werden. Dazu stehen ihnen vier Filter zur Verfügung: Gelb (Y, yellow), Orange (O), Rot (R) und Grün (G). Die ersten drei Filter dienen dazu, den Kontrast zu verstärken, um beispielsweise den Himmel abzudunkeln und somit spannender zu gestalten. Rot ist der stärkste Filter, gefolgt von Orange und Gelb. Grün hingegen sorgt für eine Weichzeichnung von Hauttönen und bietet sich deshalb für Porträts an.

Die zweite Möglichkeit, das Tonen, legt eine Farbe über das Foto, sodass dieses nicht mehr in reinem Schwarzweiss erscheint. Hier stehen Ihnen die Tonungen Sepia, Cyanotype, Rot, Gelb, Grün, Blau-Grün, Blau, Blau-Violett und Rot-Violett zur Verfügung. Jede dieser Tonungen lässt sich in der Stärke in sieben Stufen variieren. Durch Tonen verleihen Sie Schwarzweiss-Fotos einen ganz besonderen Touch, um sie zu einem Hingucker zu machen. Hier sollten Sie sich viel Zeit zum Experimentieren nehmen, denn die breiten Möglichkeiten wollen erst durchgespielt werden.

Dieses Motiv einer modernen Skulptur wird durch die monochrome Aufnahme mit Rotfilter und Gelbtönung erst so richtig spannend umgesetzt.

PICTURE CONTROL

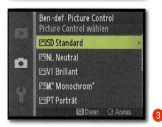

Eigene Konfigurationen erstellen und abspeichern

Wenn Sie die verschiedenen Picture Controls erst ausprobiert haben, wird sich sicher bald Ihr Favorit herauskristallisieren. Wahrscheinlich ergeht es Ihnen dann aber wie mir: Ich habe eine Voreinstellung gefunden, die mir eigentlich ganz gut gefiel, aber eben noch nicht hundertprozentig.

Kein Problem, das können Sie ja nach Wunsch anpassen, wie ich Ihnen bereits gezeigt habe. Da wäre es natürlich großartig, diese Eigenkreation auch dauerhaft festhalten zu können, damit man sie nicht immer wieder neu einstellen muss. Auch das ist machbar, wie ich Ihnen zeigen möchte.

Zur Erstellung einer eigenen Konfiguration gehen Sie statt auf die Picture Control-Konfiguration zum Menüpunkt „Benutzerdefinierte Picture Control" ❶. Wählen Sie dann den Eintrag „Bearbeiten/speichern" ❷. Als Ausgangsbasis jeder individuellen Konfiguration dient stets eine der vorgegebenen Picture Control-Einstellungen; ich habe als Beispiel „Standard" als Startpunkt ausgewählt ❸. Nehmen Sie nun die gewünschten Anpassungen vor; ich habe mich hier für diverse Änderungen entschieden ❹.

Jetzt müssen Sie einen der neun verfügbaren Speicherplätze auswählen ❺; am Anfang sind natürlich noch alle Plätze unbelegt. Leider können Sie im Gegensatz zu den Spiegelreflexkameras von Nikon Ihrem selbst erstellten Profil keinen individuellen Namen geben. Stattdessen benennt die Kamera das neue Profil nach dem Standardprofil, auf dem es beruht, und hängt eine Nummerierung dahinter.

Wenn Sie allen Schritten gefolgt sind, steht Ihnen Ihre erste Picture Control-Eigenkreation ab sofort als neuer Eintrag am Ende der Liste zur Verfügung ❻. Falls Sie mehrere eigene Controls anlegen möchten, gehen Sie alle Punkte einfach wieder Schritt für Schritt bis zum Endergebnis durch.

Wenn Sie im Laufe der Zeit verschiedene Sets angelegt haben, möchten Sie vielleicht auch mal eine bestimmte Konfiguration wieder löschen. Auch das ist möglich ❼.

PICTURE CONTROL

Eine weitere sehr interessante Option verbirgt sich hinter dem Menüpunkt „Speicherkarte verwenden ❶", den Sie auch in den benutzerdefinierten Picture Controls finden. Hiermit können Sie Ihre eigene(n) Konfiguration(en) zur Sicherung auf eine SD-Karte übertragen.

Die erste Anlaufstelle dazu ist der untere Menüpunkt „Auf Karte kopieren ❷". Wenn Sie ihn auswählen, können Sie die gewünschte Konfiguration bestimmen ❸, sich für einen der Speicherplätze entscheiden ❹ und die Speicherung durch Drücken von „OK" vornehmen. Hierzu stehen Ihnen übrigens satte 99 Speicherplätze zur Verfügung. Die Sache funktioniert übrigens auch anders herum: Sie können auf SD-Karte gespeicherte Konfigurationen wieder in die Kamera zurückladen, wie die Menüfotos mit den Nummern ❺ bis ❼ im Detail zeigen.

Vielleicht ist Ihnen aber noch nicht so ganz klar, warum Sie Ihre Einstellungen überhaupt auf einer SD-Karte abspeichern sollten. Dafür gibt es zwei wesentliche Gründe. Grund Eins: Schusseligkeit. Sie haben viel Zeit und Lernaufwand darauf verwendet, Ihre persönlichen Picture Control-Sets herauszufinden und abzuspeichern. Irgendwann packt Sie der Spieltrieb und Sie wollen herausfinden, ob eine Konfiguration nicht doch noch zu optimieren ist. Also ran ans Werk und furchtlos die Regler verstellt. Resultat: War vorher doch besser. Aber wie hatte ich die einzelnen Regler noch mal eingestellt? Hm... Genau in dieser Situation ist es Gold wert, wenn Sie ein Backup Ihrer Einstellungen auf SD-Karte haben: Karte rein, Einstellungen geladen, fertig!

Grund Zwei: Mehrere Personen. Im Urlaub überlasse ich meine Kamera auch gerne mal meiner Frau, denn Sie hat andere Bildideen und andere Blickwinkel. Nur meine persönlichen Einstellungen gefallen ihr nicht so recht (und umgekehrt). Kein Problem: Jeder hat seine eigene Speicherkarte, auf der auch die eigenen Picture Controls abgelegt sind. Karte rein, eigene Einstellungen geladen, fertig. Bei der Rückgabe dann das Ganze wieder anders herum – das geht ruckzuck und ist komfortabel.

PICTURE CONTROL

①

②

③

④

PICTURE CONTROL

Picture Controls im Vergleich

Auf dieser Doppelseite habe ich Ihnen ein und dasselbe Foto zum direkten Vergleich mit verschiedenen Picture Controls aus dem vorgegebenen Standard-Repertoire „entwickelt"; ich habe keine weiteren Anpassungen vorgenommen. Die Picture Control Sets sind der Reihe nach: Standard ❶, Neutral ❷, Brillant ❸, Porträt ❹ und Landschaft ❺. Monochrom habe ich übrigens weggelassen, weil das hier keinen Sinn machen würde. Vergleichen Sie bitte selbst (soweit das unter dem Druckraster dieses Buches möglich ist), welches Ihnen am besten gefällt.

Zusätzlich möchte ich Ihnen gerne noch meinen persönlichen Favoriten zeigen ❻, den ich mir selbst zusammengestellt habe. Ich benutze dieses Set schon lange mit Nikon-Spiegelreflexkameras, und bin schnell zu dem Schluss gekommen, dass es auch für Nikon 1 meine liebste Voreinstellung ist und wohl auch bleiben wird.

Ich wähle die neutrale Voreinstellung und ändere sie so ab, dass ich die Scharfzeichnung auf 5 stelle. Kontrast und Farbsättigung erhöhe ich jeweils auf Plus 1 (siehe unten). Manche andere Voreinstellung mag auf den ersten Blick knackiger wirken. Jedoch empfinde ich die Ergebnisse als sehr natürlich und nicht „über-drüber"; sie haben zudem einen analogen Charme, wie ich meine. Wenn Sie dieses Setting ausprobieren möchten, bin ich auf Ihr Urteil sehr gespannt. Aber das ist natürlich kein Muss. Falls Ihnen Ihre Fotos mit anderen Einstellungen besser gefallen, dann sollten Sie auch mit diesen arbeiten.

Die Einstellungen für mein persönliches Picture Control Setup bei der Nikon V1.

DAS HAUPTMENU

Aufnahme Teil 6

Nach den Picture Controls steht die Wahlmöglichkeit für den Farbraum an. Sich für den richtigen Farbraum zu entscheiden, ist allerdings eine Angelegenheit über die es kontroverse Meinungen gibt. Da jedoch nur zwei (wählbare) Farbräume existieren – Adobe RGB (aRGB) und sRGB – halte ich die Sache hingegen für ziemlich einfach. Der aRGB-Farbraum ist dem sRGB-Farbraum deshalb überlegen, weil Adobe ein viel breiteres Farbspektrum abdeckt als sRGB, sodass Profis nur mit diesem Farbraum arbeiten. Das können Sie natürlich auch tun; jedoch setzt das eine Menge Wissen rund um Farbräume und deren Einbindung in die Bildbearbeitungskette voraus – weil Ihre Fotos sonst mit aRGB schlechter statt besser werden könnten!

Für alle Fotografen, die Ihre Fotos nicht für professionelle Zwecke, beispielsweise die Veröffentlichung in einem Magazin, anfertigen, ist sRGB deshalb in der Praxis besser. Hinzu kommt: Kein handelsübliches Gerät, von wenigen teuren Speziallösungen abgesehen, kann das gesamte

Während das linke Foto (sRGB) die richtigen Farben enthält, ist im rechten Foto bei der Arbeit im aRGB-Farbraum etwas schief gegangen – und dies ist dabei herausgekommen.

DAS HAUPTMENU

Farbspektrum von aRGB darstellen! Kein Monitor, kein Display, kein Fernseher, kein Drucker, kein Bilderdienst. Deshalb gibt es aus meiner Sicht nur eine Wahl: Konsequentes sRGB. Damit haben Sie keine Probleme zu befürchten; egal, ob Sie Ihre Fotos auf dem Bildschirm oder dem Fernseher anschauen möchten, ob Sie sie drucken wollen oder Abzüge in Auftrag geben: sRGB passt immer. Allen Fans von Adobe RGB, die „ihren" Farbraum durch meinen Rat ungerecht behandelt sehen, sei gesagt: Dass aRGB überlegen ist, weil man als Profi viel mehr aus dem breiteren Farbspektrum herausholen kann, und dass aRGB sich daher viel besser zur professionellen Nachbearbeitung eignet – geschenkt. Dieses Buch ist für Amateure gedacht und gemacht. Genau wie sRGB. Und genau wie Nikon 1.

Über Active D-Lighting (ADL) und dessen Vor- und Nachteile haben wir im Kapitel „Richtig Belichten" schon ausführlich gesprochen. Deshalb sei an dieser Stelle nur der Vollständigkeit halber nochmals auf diesen Menüpunkt hingewiesen.

Dass bei bestimmten Aufnahmebedingungen Bildrauschen entstehen kann, haben Sie schon gesehen. Aber nicht nur bei Fotos mit hoher Empfindlichkeit, sondern auch bei solchen mit langer Belichtungszeit kann Rauschen auftreten, weil sich der Sensor stark erwärmt. Hier können Sie wählen, ob die Kamera solche Aufnahmen automatisch entrauschen soll oder nicht.

Dieser Menüpunkt dreht sich ebenfalls ums Rauschen; hier jedoch bei Fotos, die mit hohen ISO-Stufen aufgenommen werden. Es gibt dazu nur zwei Möglichkeiten: Sie lassen die Kamera die Fotos entrauschen, oder Sie stellen die Rauschunterdrückung aus. Verschiedene Stärken der Entrauschung, wie Nikon sie für seine Spiegelreflexkameras anbietet, sind bei Nikon 1 leider nicht wählbar.

In der Praxis hat sich für mich gezeigt: Die Rauschunterdrückung für Langzeitbelichtungen auszuschalten, sie hingegen für Aufnahmen mit höheren ISO-Werten zu aktivieren, ist meiner Meinung nach die beste Kombination.

DAS HAUPTMENU

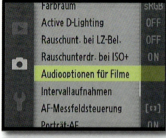

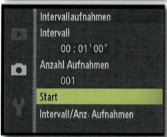

Den nächsten Menüpunkt, die Einstellung der Audiooptionen für Filme, werden J1-Fotografen leider vergebens suchen: Dies lässt sich nur an einer V1 einstellen.

Zunächst können V1-Besitzer zwischen verschiedenen Empfindlichkeiten des Mikrofons wählen. Entweder Sie überlassen die Regelung des Audiopegels der Kamera, oder Sie entscheiden sich für eine hohe, eine mittlere oder eine niedrige Empfindlichkeit. Sie haben letztendlich auch die Option, den Ton ganz auszuschalten. Eine Empfehlung kann ich Ihnen hierzu leider nicht geben, denn welche Wahl die richtige ist, hängt einzig von der Aufnahmesituation des Films ab. Möchten Sie nur mal kurz etwas im Bewegtbild festhalten, ohne dass es im Hintergrund besonders laut ist oder andere Umstände den Ton stören könnten, können Sie der automatischen Empfindlichkeit durchaus vertrauen.

Die Zuschaltung des Windfilters ist immer dann hilfreich, wenn Sie – wer hätte das geahnt – in Umgebungen filmen möchten, wo stärkerer Wind vorherrscht. Typisches Beispiel: Sie filmen Ihre Familie im Urlaub am Strand; da herrscht ja gerne mal etwas mehr Wind vor. Die Aktivierung dieses Filters macht den Ton (zum Beispiel wenn die gefilmte Person etwas sagt) trotz Wind viel verständlicher, sorgt auf der anderen Seite jedoch für eine deutlich dumpfere Aufnahme. Sie sollten sie daher nur dann aktivieren, wenn es auch wirklich geboten ist.

Die nächste Option in der Rubrik „Aufnahme" befasst sich mit Intervallen. Sie können breit gefächert auswählen, in welchem zeitlichen Abstand die Fotos geschossen werden müssen, und wie viele Fotos die Kamera insgesamt aufnehmen soll (bis zu 999 sind möglich). Leider können Sie Im Gegensatz zu Nikon-Spiegelreflexkameras keine Uhrzeit vorgeben, zu der die Kamera die Aufnahmen starten soll; Sie müssen also zur Aktivierung der Sequenz den Startbefehl manuell selbst geben. Eine klasse Funktion, wenn man die Nikon beispielsweise auf einem Hochstand montiert, um scheues Wildtier ohne Anwesenheit eines Menschen automatisch zu fotografieren oder wenn man im Morgengrauen das Erblühen einer Blume festhalten möchte. Für einen vollen Akku sollte dann aber unbedingt gesorgt sein. Zu dieser Einstellmöglichkeit sollten Sie wissen: Viele Her-

DAS HAUPTMENU

steller statten ihre Kameras mit einem sensorbasierten Bildstabilisator aus. Das bedeutet: Der Sensor ist beweglich gelagert, und wird zum Ausgleich von Zitterbewegungen der Fotografenhand entsprechend gegengesteuert, um trotzdem ein scharfes Foto zu erreichen. Nikon macht dies jedoch nicht und verzichtet auf den Stabilisator in der Kamera; diesen bekommen Sie stattdessen im Objektiv. Deshalb ist dieser Menüpunkt auch nur dann zu sehen, wenn ein Objektiv mit Stabilisator angesetzt ist; fotografieren Sie zum Beispiel mit dem Pancake, gibt's keine Stabilisation.

Die Voreinstellung ist „Active", und so sollten Sie es auch belassen, wenn Sie aus der freien Hand fotografieren, denn in der Regel bewegt sich ja nicht nur die Kamera etwas, sondern auch Sie. Wenn Sie sich hingegen setzen und die Arme zusätzlich noch aufstützen, ist „Normal" auch eine Option. Nur beim Fotografieren von einem stabilen Stativ aus sollten Sie den Stabilisator komplett ausschalten.

Ich möchte auf die Vor- und Nachteile beider Varianten eingehen. Die Verfechter des Sensor-Bildstabilisators in der Kamera führen an, dass mit dieser Methode jedes Objektiv, das an die Kamera gesetzt wird, automatisch in den Genuss der Stabilisation kommt. Das macht das Einsatzgebiet des Stabilisators sehr breit und sorgt für kostengünstigere Objektive, da dort ja kein Stabilisator mehr eingebaut werden muss.

Befürworter des Stabilisators im Objektiv setzen dagegen: Ein Sensor-Stabilisator muss alle Brennweiten vom Weitwinkel über den Normalbereich bis zum Tele abdecken. Ein Stabilisator im Objektiv hingegen ist gezielt nur auf den Brennweitenbereich ausgelegt, den das jeweilige Objektiv auch bietet. Deshalb ist die Wirksamkeit eines individuellen Objektiv-Stabilisators in einigen Fällen besser.

Machen wir es kurz: Beide Fraktionen haben recht. Allerdings sind die vorgebrachten Argumente für Sie als Nikon 1 Besitzer nur von informellem Interesse, denn Sie haben ja keine Wahl, sondern sind auf den Stabi im Objektiv festgelegt. Auf jeden Fall werden Sie schnell feststellen, wie hilfreich der Bildstabilisator – egal, in welcher Variante – in der Praxis ist: Schalten Sie ihn probeweise einmal ab!

RICHTIG FOKUSSIEREN

Der Fokusmodus wird bei der J1 im Menü (oben), bei der V1 jedoch über den Multifunktionswähler bestimmt (unten).

Ausschließlich J1-Besitzer stoßen im Menü als nächstes auf den Fokusmodus. Sie erinnern sich: Bei der V1 wird dieser nicht im Menü, sondern über die Taste am Multifunktionswähler eingestellt. Dort sitzt bei der J1 jedoch die Steuerung für den eingebauten Blitz, sodass die Wahl des Fokusmodus bei der J1 ins Menü ausgelagert werden musste (nachzulesen im Kapitel „J1 und V1 im Detail" sowie „Die Bedienung").

Der Autofokus der Nikon 1 Kameras ist von außergewöhnlicher Schnelligkeit und Präzision, wie ich im Kapitel „Die Technik" beschrieben habe. Dennoch ist die Wahl des richtigen Fokusmodus auch mit diesen Kameras, trotz ihrer einfachen Bedienung, nicht trivial. Es ist daher angebracht die Besprechung der einzelnen Menüpunkte wieder temporär zu verlassen, um einen Ausflug in die so wichtige Welt des richtigen Fokussierens zu unternehmen.

Richtig Fokussieren

Amateur-Fotografen beklagen sich oft, dass ihre Fotos nicht so richtig scharf werden. Die Schuld wird beim Objektiv, der Kamera oder der Kombination beider gesucht. Sicherlich gibt es Kameras mit fehlerhaft justierten Fokuseinheiten, und es kann durchaus auch mal vorkommen, dass ein Objektiv suboptimal gefertigt ist. Doch in den allermeisten Fällen ist es der Fotograf, der für die mangelnde Schärfe die Hauptverantwortung trägt. Dabei ist es ist kein großes

RICHTIG FOKUSSIEREN

Geheimnis, ein knackscharfes Foto zu schießen, wenn Sie einige wenige Regeln beherzigen. Ich beschreibe Ihnen dazu die verschiedenen Varianten der Autofokus-Betriebsart und der Messfeldsteuerung, wann Sie sie jeweils einsetzen sollten (und auch wann nicht), welche Kombination beider Elemente den größten Erfolg verspricht und gebe Ihnen zusätzlich einige Tipps mit auf den Weg, die Ihre Ausbeute an wirklich scharfen Fotos garantiert deutlich erhöhen werden.

Bevor es los geht, bitte ich Sie, sich die beiden unten abgebildeten Fotos anzusehen. Auf den ersten Blick scheinen das Bild auf der linken Seite und das auf der rechten Seite identisch zu sein. Tatsächlich handelt es sich um zwei verschiedene Aufnahmen, die im Abstand von wenigen Sekunden entstanden sind. Bei der hier im Buch abgebildeten Größe, und auch auf einem Ausdruck im gängigen Postkartenformat, sind beide scheinbar völlig in Ordnung.

Nun vergleichen Sie bitte die 100-Prozent-Ausschnitte, die jeweils daneben abgebildet sind. Während auf dieser Seite auch jetzt noch alles knackscharf ist, wirkt der Ausschnitt des linken Fotos in etwa so, als wäre hier eine zu hohe JPEG-Kompression am Werk, oder als sei nicht richtig fokussiert. Beides ist falsch: Das linke Foto ist minimal verwackelt, das rechte nicht. Genau diese Nuance macht den Unterschied zwischen einem halbwegs scharfen Foto und einem, das wirklich scharf ist, aus.

RICHTIG FOKUSSIEREN

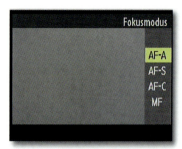

Fokusmodus

Autofokus-Automatik (AF-A)

Bei der Autofokus-Automatik entscheidet die Kamera selbständig darüber, ob sie für das jeweilige Motiv den Einzelautofokus oder den Kontinuierlichen Autofokus aktiviert. Diese Automatik ist die Werkseinstellung. Das macht auch Sinn, weil sie insbesondere weniger erfahrenen Fotografen unter die Arme greift. Das funktioniert ganz gut; probieren Sie es also ruhig einmal aus, wenn Sie sich über die richtige Fokusart nicht so ganz sicher sind.

Einzelautofokus (AF-S)

Einzelautofokus (das „S" steht für „single") bezeichnet die Methode, bei der Sie durch halbes Durchdrücken des Auslösers (oder der AE-L /AF-L-Taste) den Autofokus aktivieren. Dieser stellt daraufhin scharf, was durch ein oder mehrere grüne Rechtecke auf dem Display (oder im Sucher der V1) signalisiert wird, sobald der Fokusvorgang abgeschlossen ist. Danach drücken Sie den Auslöser ganz durch und schiessen das Bild.

Die Menüfotos des Autofokus wurden von einer V1 geschossen. Auf der J1 sehen die Einträge etwas anders aus, haben aber exakt den gleichen Inhalt.

Obwohl dies alles recht schnell abläuft, ist diese Methode dennoch in den allermeisten Fällen zu langsam, um (auch nur leicht) bewegte Motive zuverlässig scharf zu stellen. Sie empfiehlt sich daher nur für absolut statische Motive wie Landschaften oder Gebäude. Und auch nur dann, wenn Sie mit Stativ arbeiten oder die Nikon auf einen festen Untergrund wie eine Mauer gelegt haben, sodass auch die Kamera absolut ruhig ist!

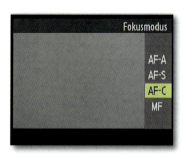

Kontinuierlicher Autofokus (AF-C)

Drücken Sie in dieser Betriebsart den Auslöser halb durch, stellt die Kamera ebenfalls scharf. Im Gegensatz zum Einzelautofokus hört das Fokusmodul an dieser Stelle jedoch nicht mit seiner Arbeit auf, sondern ist bis zum Auslösevorgang permanent aktiv. Das bedeutet: Bewegt sich das Motiv, etwa eine Person, nach der ersten Scharfstellung aus dem Schärfebereich, so ist das nicht tragisch: Die Kamera führt den Fokus permanent nach, sodass das Motiv trotz einer kleinen Bewegung beim Auslösen scharf gestellt ist. Der kontinuierliche Autofokus ist also immer dann Pflicht,

RICHTIG FOKUSSIEREN

wenn (auch nur) eine geringe Wahrscheinlichkeit besteht, dass das Motiv sich bewegt. Oder auch, und das wird oftmals vergessen, wenn die Möglichkeit besteht, dass Sie, also der Fotograf, sich bewegen! Schießen Sie aus der freien Hand und nicht von einem Stativ oder von einer felsenfesten Unterlage, wie zum Beispiel der genannten Mauer, aus, dann sollten Sie immer – wirklich immer!– den kontinuierlichen Autofokus aktivieren, denn nur so lässt sich auch ohne Stativ ein wirklich scharfes Foto schiessen.

Manuelle Fokussierung (MF)

Ähnlich wie beim manuellen Aufnahmemodus trauen sich sehr viele Amateure nicht an den manuellen Fokus heran. Dabei ist das längst nicht so schwierig, wie Sie vielleicht denken, denn die Kameras bieten dazu einige Hilfestellungen an. Es gibt beim Nikon 1 System jedoch eine Besonderheit, an die sich insbesondere Fotografen gewöhnen müssen, die schon mit Spiegelreflexobjektiven gearbeitet haben: Es gibt keinen Fokusring!

Und so funktioniert diese besondere Art der Scharfstellung: Wenn Sie den manuellen Fokus eingestellt haben ❶, erscheint auf dem Display (oder im Sucher der V1) die kleine Anzeige „OK MF" ❷, die Sie dazu auffordert, nun die „OK"-Taste in der Mitte des Multifunktionswählers zu drücken. Wenn Sie dies tun, erscheint am rechten Bildrand eine Fokusskala sowie ein Fokusmessfeld ❸.

Mit einer Drehung des Rings am Multifunktionswähler stellen Sie die Entfernung passend ein ❹. Durch Betätigen der Wippe können Sie in den Fokuspunkt hinein- oder wieder herauszoomen ❺, durch Drücken (nicht Drehen!) des Multifunktionswählers haben Sie zudem die Option, das Messfeld an die gewünschte Stelle zu verlagern ❻.

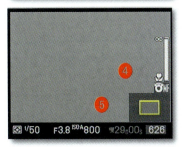
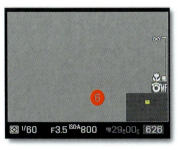

Mir ist klar, dass sich das furchtbar kompliziert liest. Doch glauben Sie mir bitte: Es ist in der praktischen Anwendung sehr viel flüssiger. Probieren Sie es doch einfach mal aus.

RICHTIG FOKUSSIEREN

Auch wenn es Sie überraschen mag: Der manuelle Fokus ist dem Autofokus oft überlegen. Nicht etwa in der Schnelligkeit, aber in der Präzision. Wenn Sie ein Motiv wie das nebenstehende fotografieren wollen, dann ist der manuelle Fokus das Mittel der Wahl, um auf den Punkt zu fokussieren.

Bei diesem Beispiel wollte ich die Schärfe nicht irgendwo (zufällig) im Foto haben, sondern genau auf den Blüten im linken unteren Bilddrittel. Das ging mit dem manuellen Fokus einfacher, schneller und insbesondere auch präziser, als dies der Autofokus vermocht hätte – auch wenn die automatische Fokuseinheit der Nikon 1 Kameras hervorragend funktioniert.

Doch es macht auch einfach so Spaß, mal den Autofokus abzuschalten. Damit stellt sich nämlich unwillkürlich auch eine andere Art des Fotografierens ein: Besonnen und ruhig. Das überträgt sich unbewusst auf die Fotos, die Sie auf diese Art schießen und lässt damit nebenbei einen ganz neuen Aufnahmestil entstehen – Sie werden sehen.

Autofokus-Messfeldsteuerung

Zur perfekten Fokussierung ist es nicht nur wichtig, wie die Kamera die Scharfstellung bestimmt (automatisch, einzeln, kontinuierlich oder manuell), sondern auch, wo. Wie ich Ihnen im Kapitel „Die Technik" bereits berichtet habe, verfügt Nikon 1 über ein fast schon revolutionäres Messsystem, das die hauseigenen Pendants selbst teurer Profikameras

RICHTIG FOKUSSIEREN

um Längen schlägt. Dazu verfügen beide Kameras sowohl über einen Phasen-Detektions-Autofokus als auch über einen Kontrast-Autofokus, zwischen denen sie je nach Motiv automatisch hin- und herschalten; Sie als Fotograf können das nicht beeinflussen. Das müssen Sie aber auch nicht: Der automatische Wechsel funktioniert hervorragend; eine manuelle Option hätte die Bedienung nur unnötig verkompliziert, ohne jedoch Vorteile zu bringen.

Beim Phasen-Autofokus stehen 73 Messfelder bereit (mehr als bei jeder Nikon-Spiegelreflex), der Kontrast-Autofokus kann sogar auf die Rekordzahl von 135 Messfeldern zurückgreifen. Diese Messfelder sind nicht einzeln ansteuerbar; wenn also nachfolgend von „Einzelfeld" oder von einzelnen Messfeldern die Rede ist, so bedeutet dies stets, dass in Wirklichkeit eine Gruppe von Messfeldern gemeint ist. Diese Funktionsweise halte ich für durchdacht und der einfachen Bedienung förderlich, denn wer will schon 135 Messfelder einzeln anfahren – ich jedenfalls nicht.

Automatische Messfeldsteuerung

Bei den Kameras können Sie die automatische Messfeldsteuerung einstellen. Das bedeutet, dass die J1 oder V1 das Fokusmessfeld selbst bestimmt. Alle Fokuspunkte sind dazu aktiv, und im Moment des Auslösens wählt die Nikon einen oder mehrere davon aus, um dort scharf zu stellen. Dazu sollten Sie wissen: Die Kamera wird bei dieser Methode stets auf das Objekt scharf stellen, das sich (innerhalb des Scharfstellungsbereichs) dem Objektiv am nächsten befindet. Eine sehr bequeme Methode also, die auch gut funktioniert, aber auch eine, die Sie nicht beeinflussen können – dessen sollten Sie sich stets bewusst sein.

Einzelfeld

Die Kameras messen die Schärfe nicht über das ganze Bildfeld verteilt, sondern nur in einem relativ kleinen Bereich mit einigen Messpunkten. Der Bereich ist in seinen Ausmaßen starr festgelegt, sodass Sie keinen Einfluss auf die Größe und damit die Anzahl der Messfelder haben. Was Sie hingegen sehr wohl tun können: Das Messfeld an eine von Ihnen gewünschte Stelle des Bildausschnitts verschie-

RICHTIG FOKUSSIEREN

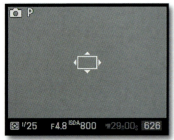

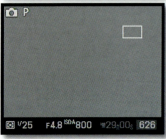

ben, wenn das Motiv oder gestalterische Aspekte dies erfordern. Dazu drücken Sie bei aktiviertem Einzelfeld-Autofokus auf die „OK"-Taste in der Mitte des Multifunktionswählers; an allen vier Seiten des Fokusmessfelds erscheinen nun kleine Pfeile. Jetzt können Sie durch Drücken des Multifunktionswählers in die passende Richtung (links, rechts, oben oder unten) das Messfeld an die benötigte Stelle verschieben. Ein nochmaliges Drücken auf „OK" fixiert das Messfeld dauerhaft an der gewählten Position.

Mit dieser Messfeldart erhalten Sie eine gute Möglichkeit, auf Motive scharf zu stellen die sich nicht in der Bildmitte befinden. Bewegt sich das Motiv, zum Beispiel eine Person, aber aus dem gewählten Messfeld heraus, so wird auch nicht mehr auf das Motiv scharf gestellt. Daher ist die Einzelfeld-Steuerung vornehmlich dann anzuraten, wenn Sie bei statischen Motiven auf den Punkt fokussieren wollen.

Motivverfolgung
Zunächst drücken Sie bei aktivierter Motivverfolgung einmal auf „OK". Die vier kleinen Pfeile erscheinen, ganz wie beim Einzelfeld-Autofokus. Dann setzen Sie mit dem Multifunktionswähler den Fokus auf den gewünschten Punkt und bestätigen nochmals mit „OK".

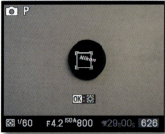

Nun wird die Kamera versuchen, das so ausgewählte Objekt stets im Fokus zu halten, auch wenn es sich bewegt, oder auch dann, wenn die Kamera sich bewegt. Der Rahmen bekommt eine gelbgrüne Farbe, und tanzt recht hektisch durch die Gegend, um das Motiv zu verfolgen. Davon sollten Sie sich nicht beirren lassen, denn Sie werden schnell merken: Es funktioniert erstaunlich gut!

Die Trefferquote hängt dabei allerdings auch von den Rahmenbedingungen ab: Ist das Motiv kontrastreich und gut beleuchtet, klappt die Sache meist bestens. Ist einer dieser Faktoren (oder beide) jedoch nicht so optimal, dann kann es vorkommen, dass die Verfolgung abreisst. Ich lege Ihnen die Wahl der Motivverfolgung dann ans Herz, wenn Sie (schnell) bewegte Objekte fotografieren möchten, sich aber vielleicht noch nicht ganz so sicher im Fokussieren fühlen. Dann ist die Motivverfolgung eine große Hilfe.

RICHTIG FOKUSSIEREN

Porträt-AF

Dieser Autofokus-Modus befindet sich nicht zusammen mit den anderen Modi in der Gruppe Messfeldsteuerung, sondern hat einen eigenen Menüeintrag spendiert bekommen. Das hat auch seinen Grund; doch zunächst zur Funktionsweise: Es handelt sich um die Gesichtserkennung, die Sie bestimmt schon aus aktuellen Kompaktkameras kennen. Ist der Porträt-AF aktiviert, stellt die Kamera automatisch auf Gesichter scharf. Die Kamera kann nicht nur ein Gesicht erkennen sondern auch mehrere, aber sie wird zur Scharfstellung immer das heranziehen, das der Kamera am nächsten ist. Für weniger erfahrene Fotografen ist auch der Porträt-AF eine super Scharfstell-Hilfe; die naturgemäß nur bei Personenaufnahmen wirksam sein kann.

Warum aber ein eigener Menüeintrag? Den Porträt-AF können Sie ein- oder ausschalten, mehr nicht. Aber hat er Vorrang vor den drei anderen Messfeldarten! Egal, welche davon Sie aktiviert haben: Kommt der Kamera ein Gesicht ins Bildfeld, schaltet sie bei aktiviertem Porträt-AF sofort auf diesen um, und nimmt das/die Gesicht(er) ins Visier. Deshalb mein Rat: Fotografieren Sie Menschen, dann aktivieren Sie den Porträt-AF. Kommt es Ihnen hingegen auf andere Dinge im Bildfeld an, sollten Sie ihn abschalten, weil er sich sonst immer wieder vordrängelt.

Der Porträt-AF funktioniert nicht nur bei echten Personen sehr gut.

RICHTIG FOKUSSIEREN

Für das statische Motiv, aus der Hand geschossen, war AF-C plus Einzelfeld passend (oben). Für das untere Motiv kam keine andere Kombination als AF-C plus automatische Messfeldsteuerung infrage.

Ein paar einfache Fokusregeln

- Statische Motive wie Landschaften oder Gebäude, vom Stativ aus fotografiert: Einzelautofokus (AF-S) oder manuelle Fokussierung (MF) plus Einzelfeld-Messfeldsteuerung.

- Statische Motive, aus der Hand fotografiert: Kontinuierlicher Autofokus (AF-C) plus Einzelfeld-Messfeldsteuerung.

- Schnappschüsse, bei denen sowohl das Motiv als auch Sie selbst mehr oder weniger in Bewegung sind: Kontinuierlicher Autofokus (AF-C) oder Autofokus-Automatik (AF-A) plus automatische Messfeldsteuerung.

- Makroaufnahmen und Aufnahmen unter schwierigen Licht- oder Fokusbedingungen: Manueller Fokus (MF) plus Einzelfeld-Messfeldsteuerung. Nutzen Sie die Lupe!

- Für Motive, die ständig in Bewegung sind (zum Beispiel spielende Kinder), wählen Sie die Kombination aus Kontinuierlichem Autofokus (AF-C) plus Motivverfolgung.

- Bei Porträts oder bei Fotos von Menschen allgemein können Sie bei ausreichenden Lichtverhältnissen den Porträt-AF zuschalten. Da dieser Priorität hat, ist es zwar prinzipiell egal, welche Fokusart Sie grundsätzlich eingestellt haben; Sie sollten ihn meiner Erfahrung nach aber am besten mit dem permanenten Autofokus (AF-C) kombinieren.

Grundsatzgedanken zum Autofokus

DIE Kombination, die immer und überall zu perfekten Ergebnissen führt, gibt es einfach nicht. Sie sollten sich daher für jede Motivart die beste Kombination merken, um immer Herr der (Fokus-) Lage zu sein. Doch keine Angst, das lernen Sie schneller als Sie denken, denn so schwer ist es nicht. Und nicht zu vergessen: Die Nikon 1 Kameras verfügen über einen hervorragenden Autofokus. Super schnell und ausgesprochen präzise, bekommen Sie mit ihm einen sehr wertvollen Helfer für scharfe Fotos. „Immer scharf" gibt es aber auch mit Nikon 1 nicht automatisch – Sie müssen für beste Ergebnisse Ihren Beitrag dazu leisten.

RICHTIG FOKUSSIEREN

Der Trick für schnelle Motive

Extrem schnell bewegte Motive sind selbst für moderne Autofokussysteme schwierig zu fokussieren. Ein praktisches Beispiel: Sie möchten ein Autorennen fotografieren. Sie haben einen guten Platz an der Rennstrecke ergattert, an dem Sie sich mit ihrer Kamera aufbauen. Von dort aus haben Sie eine Kurve im Visier, um die die Boliden später dynamisch herumschießen werden. Da Sie aber mit einem der Teleobjektive in maximaler Telestellung arbeiten müssen, und die Rennwagen zudem mit sehr hoher Geschwindigkeit um die Kurve kommen werden, dürfte die Ausbeute an wirklich scharfen Fotos zur reinen Glückssache werden.

Von der Seite aus aufgenommen, war die sehr schnelle Bewegung des Oktoberfest-„Monsters" auch für den ausgezeichneten Autofokus der V1 zuviel. Die Methode des Vorfokussierens brachte jedoch das gewünschte Ergebnis.

Doch dafür gibt es einen Trick, mit dem Sportfotografen gerne arbeiten: Das Vorfokussieren. So geht's: Sie wissen ja, wo später die „Action" stattfinden wird: In unserem Fall am Scheitelpunkt der Kurve. Richten Sie also Ihr Objektiv auf den entsprechenden Punkt, bestimmen Sie den gewünschten Bildausschnitt, und stellen Sie mit dem Autofokus scharf. Nun schalten Sie den Autofokus ab! Doch Achtung: Sie müssen ab jetzt sehr genau darauf achten, dass Sie Ihre eigene Position nicht mehr verändern.

Nun können die Rennwagen kommen: Sie haben ja bereits (in aller Ruhe) scharf gestellt, sodass Sie sich nur noch darauf konzentrieren müssen, einen passenden Bildausschnitt zu finden. Bei aktiver Serienbildfunktion halten Sie nun einfach drauf, und die Fotos werden garantiert scharf!

RICHTIG FOKUSSIEREN

Das Problem der Bewegungsunschärfe

Bewegungsunschärfe bedeutet, dass eine nicht hundertprozentig starre Kamera, also zum Beispiel bei Freihand-Schüssen, das Foto unscharf macht, weil sie sich im Moment des Auslösens leicht bewegt – eine Tatsache, die leider sehr oft stark unterschätzt wird.

Sie werden nun vielleicht einwerfen, dass es eine Faustregel gibt, mit der man das Problem vermeiden kann. Diese lautet: Den Kehrwert der Brennweite kann man verwacklungsfrei aus der Hand halten. Anders ausgedrückt: Fotografiere ich mit 10 Millimeter Brennweite, so wird mein Foto bei einer Verschlusszeit von 1/10 Sekunde (oder kürzer) scharf. Fotografiere ich mit 30 Millimeter, dann darf es 1/30 Sekunde sein, bei 50 Millimeter (höchstens) 1/50 Sekunde – und so weiter und so fort.

Besonders dann, wenn Sie „freihändig", zum Beispiel auf einer Städtetour, unterwegs sind, sollten Sie die längstmöglichen Belichtungszeiten der jeweils eingestellten Brennweite gut im Hinterkopf haben, damit Ihre Fotos auch wirklich knackscharf werden.

Genau an dieser Stelle sollten Sie keinen Denkfehler machen. Der Sensor der Nikon 1 Kameras ist deutlich kleiner als das Kleinbild-Format, wie ich schon beschrieben habe. Deshalb ist die Bildwirkung bei 30 Millimeter, die an einer Nikon 1 eingestellt sind, ungefähr wie die eines 80-Millimeter-Objektivs an einer Kleinbild-Kamera. Damit ändert sich aber auch die längste Verschlusszeit, die Sie für ein scharfes Foto wählen dürfen: Fotografieren Sie mit 30 Millimeter und Ihrer J1 oder V1, dann dürfen Sie rein rechnerisch längstens 1/80 Sekunde einstellen; besser sollten Sie nur 1/100 Sekunde oder gar 1/125 Sekunde wählen. Für alle anderen Brennweiten gilt dies entsprechend.

Multiplizieren Sie die Brennweite mit dem Faktor 2,7, um auf die für ein scharfes Foto längste zulässige Belichtungszeit zu kommen, aber stellen Sie sicherheitshalber den nächst kürzeren Wert ein. Damit sollten Sie in der Regel auf der sicheren Seite sein. Hat Ihr Objektiv einen Stabilisator eingebaut, wie es ja bei den meisten derzeit erhältlichen Nikon 1 Objektiven der Fall ist, so können Sie die Belichtungszeiten – je nach Brennweite und ihrem persönlichen „Zitterfaktor" – etwas verlängern. Feste Regeln gibt es allerdings nicht, sodass Sie ihre individuellen Grenzwerte selbst herausfinden müssen.

DAS HAUPTMENU

Aufnahme Teil 7

Nun sind wir beim letzten Menüpunkt der Abteilung Aufnahme angelangt, dem bei beiden Kameras integrierten Autofokus-Hilfslicht. Es handelt sich dabei, wie der Name schon beschreibt, um eine Hilfslampe in Form einer kleinen LED-Leuchte. Diese dient dazu, dem Autofokus bei zu wenig Umgebungslicht auszuhelfen, damit er trotzdem eine Scharfstellung durchführen kann.

Bei näheren Objekten ist dies sehr hilfreich, bei weiter entfernten Motiven jedoch eher nutzlos, wie Sie sich anhand der kleinen Größe der LED sicher bereits denken können. Dennoch brauchen Sie die Leuchte nicht immer ein- oder auszuschalten; lassen Sie sie einfach an. Wenn Sie mit der Motivautomatik fotografieren, entscheidet die Kamera im übrigen selbst, ob die LED aktiviert wird oder nicht.

Das kleine AF-Hilfslicht der J1 (links) und der V1 (rechts).

Dass dies der letzte Aufnahme-Menüpunkt war, wie ich oben behauptet habe, stimmt nur dann, wenn der eingebaute Blitz der J1 nicht ausgefahren ist, oder wenn die V1 nicht mit dem optionalen Aufsteckblitz versehen ist. Befinden sich beide Kameras allerdings mit aktiviertem Blitz in Aufnahmebereitschaft, dann tauchen im Aufnahmemenü weitere Einträge auf, die ansonsten ausgeblendet werden.

„Einträge", also der Plural, stimmt nur für die V1: Beim eingebauten Blitz der J1 sind deutlich weniger Einstellmöglichkeiten vorhanden. Auf der einen Seite finde ich das ehrlich gesagt etwas schade; andererseits passt es zum Bedienkonzept der J1, das noch etwas reduzierter und damit bedienungsfreundlicher ausfällt als das der V1.

Die Einstellmöglichkeiten für den Blitz sind bei der V1 (links) deutlich vielfältiger als bei der J1 (rechts).

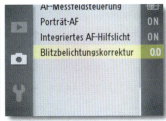

Richtig Blitzen

Sie erkennen es schon an der Überschrift: Auch der Einsatz des Blitzgerätes, egal ob intern (J1) oder extern (V1), lässt uns zum letzten Mal eine Seitenstraße abseits des Kapitels „Aufnahme" befahren. Denn auch richtiges Blitzen erfordert einige Kenntnisse und zudem auch ein gewisses Mitdenken des Fotografen, um zu den bestmöglichen Ergebnissen zu gelangen.

Durch das Objektiv

Beide Kameras arbeiten nach dem Prinzip der TTL-Blitzsteuerung. Das Kürzel bedeutet „through the lens", was aussagt, dass die Messungen direkt durch das Objektiv vorgenommen werden. Die Kameras berechnen die Blitzbelichtung und damit die Blitzleistung also weitgehend ganz genau so, wie sie es bei der Belichtungsmessung (ohne Blitz) auch tun. Deshalb gelten prinzipiell auch dieselben Regeln, die Sie im Kapitel „Richtig Belichten" bereits ausführlich kennengelernt haben.

Der Blitz ist aktiv, Sie sind für Blitzaufnahmen bereit. Doch nun stellt sich die Frage: Für welche Art von Blitzaufnahmen sind Sie denn wirklich bereit? Nur für Blitzaufnahmen auf kurze Distanz, um es kurz zu machen. Warum, ist einfach erklärt: Sowohl der eingebaute Blitz der J1 als auch der Aufsteckblitz der V1 sind von der Leistung her nicht mit externen Systemblitzen von Spiegelreflexkameras vergleichbar, denn diese haben deutlich mehr „Power".

Der SB-N5 Blitz der V1 ist dem eingebauten Blitz der J1 dabei leistungsmäßig ein gutes Stück überlegen. Aber nicht nur das: Er ist flexibel dreh- und schwenkbar, der interne Blitz der Nikon 1 J1 leider nicht.

RICHTIG BLITZEN

Schließen Sie aus den vorgebrachten Einschränkungen jetzt aber bitte nicht, dass die beiden kleinen Blitze keinen Sinn machen; ganz im Gegenteil: Ihr Nutzwert ist viel größer, als Sie das wahrscheinlich annehmen.

Schauen Sie sich bitte dieses Foto an. Es zeigt einen kleinen Ausschnitt der Theatinerkirche am Münchner Odeonsplatz aus dem Blickwinkel eines der beiden Löwen, die die Feldherrnhalle gegenüber „bewachen".

Vom Löwen ist kaum etwas zu erkennen; ein Fall für den elektronischen Papierkorb. Aber nur, weil der Fotograf (also ich) nicht nachgedacht hat, denn das Motiv ist einfach unzulänglich in Szene gesetzt.

Also ein zweiter Versuch. Der Unterschied ist bereits auf den ersten Blick ersichtlich: Die Formen und Farben des Löwen kommen jetzt gut belichtet zum Vorschein, während sich am Hintergrund überhaupt nichts geändert hat.

Da wir uns im Kapitel „Richtig Blitzen" befinden, können Sie sich das Geheimnis des zweiten Fotos sicher schon denken: Ich habe die V1 mit dem SB-N5 bestückt, diesen eingeschaltet, und dann nochmals ein Foto mit Aufhellblitz gemacht (das wäre mit dem eingebauten Blitz der J1 genauso gut gegangen). Die Kamera hat den Vordergrund aufgehellt, das Foto war im Kasten. Wahrlich kein Hexenwerk. Dieses Beispiel zeigt deutlich, dass der kleine Blitz völlig

RICHTIG BLITZEN

ausgereicht hat, um aus einem technisch schlechten Foto ein gutes zu machen. Wie der Blickwinkel vielleicht erkennen lässt, war der Löwe allerdings auch nur rund zwei Meter von der Kamera entfernt – bei zehn Meter Entfernung oder noch mehr hätte der Blitz aufgrund seiner begrenzten Leistung nicht so gute Arbeit leisten können.

Den Blitz auch tagsüber ausnutzen

Viele Amateurfotografen setzen den Blitz meiner Meinung nach viel zu selten ein. Nur dann den Blitz zu aktivieren, wenn man sich in einem Innenraum befindet oder wenn es (zu) dunkel ist, wäre nämlich die falsche Herangehensweise. Gerade bei Tag kann der Blitz wertvoll sein, wenn das Hauptmotiv im dunklen Bereich des gesamten Bildausschnitts liegt, wie mein Löwenbild gezeigt hat. Aber auch dann, wenn die Sonne so richtig grell auf das Motiv scheint, sodass mehr als genug Licht vorhanden ist, um das Motiv ausreichend zu beleuchten, ist ein (Aufhell-) Blitz ebenfalls ganz besonders wertvoll!

RICHTIG BLITZEN

„Bitte? Ich soll bei strahlendem Sonnenschein den Blitz benutzen?" höre ich einige von Ihnen sagen. Ja, genauso ist es, und ich möchte Ihnen zur Erklärung ein Beispiel nennen. Sie haben bestimmt schon oft im Fernsehen Szenen gesehen, in denen eine Berühmtheit aus dem Auto steigt oder über den roten Teppich läuft und von Fotografen umlagert wird. Auch bei bestem Tageslicht sieht man die unzähligen Blitzlichter der Profi-Fotografen aufflammen. Aber warum? Profis wollen sich nicht mit den Lichtverhältnissen begnügen (müssen), die vor Ort vorherrschen, sie wollen das Licht kontrollieren. Steht die Sonne zum Beispiel ungünstig (der Fotograf kann sich ja nicht aussuchen, wann, wie und wo die Berühmtheit aus dem Auto steigt), gleicht der Profi dies mit einem Aufhellblitz aus, sodass das Ergebnis trotzdem perfekt ist. Und genau das können und sollten Sie auch tun.

Dazu auf der linken Seite erneut zwei Beispielfotos mit und ohne Aufhellblitz. Im Gegensatz zu den Löwenbildern auf der vorherigen Seite müssen Sie diesmal schon etwas genauer hinsehen. Haben Sie es herausgefunden? Das rechte Foto ist geblitzt. Die Sonne schien von der rechten Seite, sodass mir der Schatten auf der linken Seite der Skulptur im Vordergrund viel zu dunkel war; der Blitz hat den Schatten aber passend aufgehellt.

Was ich Ihnen mit diesem Beispiel eigentlich zeigen möchte: Könnten Sie, wenn das Pendant ohne Aufhellblitz nicht daneben gestellt wäre, überhaupt erkennen, dass hier geblitzt wurde? Oder können Sie beim Foto der Statue auf dieser Seite den Aufhellblitz sehen? Ich jedenfalls nicht. Und damit haben Sie auch schon das Geheimnis eines perfekten Aufhellblitzes erfahren: Man sieht ihn im Idealfall nicht.

RICHTIG BLITZEN

Nun, da Sie die generellen Möglichkeiten und Einschränkungen des Aufhellblitzes bei Tag in groben Zügen kennengelernt haben, ist es an der Zeit, dass wir uns mit den verschiedenen Blitzmodi beschäftigen. Die Besitzer einer J1 bitte ich an dieser Stelle um Verständnis: Unterschiedliche Blitzmodi beherrscht nur das externe Speedlight SB-N5 der V1; bei der eingebauten Variante der J1 stehen die im Folgenden beschriebenen Modi leider nicht zur Verfügung.

Normalerweise betreiben Sie den SB-N5 immer als Aufhellblitz, denn damit werden Sie in den allermeisten Fällen das beste Ergebnis erzielen. In der Regel steht der Blitzmodus also auf der Einstellung, die im links abgebildeten Menü zu sehen ist; es ist die Standard-Betriebsart. Doch es wird Ihnen beim Scrollen durch das Menü der V1 bestimmt schon aufgefallen sein, dass für den Blitz noch einige weitere Einträge vorhanden sind. Ich möchte Ihnen gerne zeigen, wann diese sinnvoll sind.

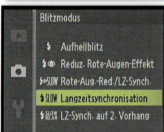

Den Blitzmodus mit dem Symbol eines Auges können Sie sicher leicht deuten: Die Kamera versucht den berüchtigten Rote-Augen-Effekt zu reduzieren. Dazu leuchtet vor der Auslösung die LED-Lampe neben dem Objektiv auf. Dies dient dazu, dass sich die Pupillen der fotografierten Person zusammenziehen, sodass der Rote Augen-Effekt nicht oder nur abgeschwächt auftritt. Eine gute Hilfe bei Porträts.

Ein weiterer Blitzmodus nennt sich „Langzeitsynchronisation". Das bedeutet, dass die Kamera möglichst viel vom vorhandenen Licht berücksichtigt und nur einen Tick Blitzlicht dazu gibt, um eine möglichst natürliche Bildstimmung zu erhalten. Das funktioniert besonders bei morgendlichen oder abendlichen Motiven sowie bei Aufnahmen in Innenräumen bestens.

Sie müssen jedoch die Belichtungszeit sehr kritisch im Auge behalten, denn diese kann – und wird in vielen Fällen – für eine Freihand-Aufnahme zu lang sein. Die Langzeitsynchronisation geht deshalb fast immer mit der Bedingung einher, ein Stativ oder zumindest eine sehr stabile Unterlage zu verwenden, damit die Fotos nicht unscharf werden.

RICHTIG BLITZEN

Die Möglichkeit, die die V1 vor der Langzeitsynchronisation beim Blitzen anbietet (ich kann mir nicht erklären, warum Nikon hier eine so unlogische Reihenfolge wählt!), ist die Kombination der beiden zuvor besprochenen Modi: Rote-Augen-Reduktion in Verbindung mit Langzeit.

Wenn Sie eine Person bei wenig Umgebungslicht fotografieren, und dabei sowohl die natürliche Lichtstimmung des Aufnahmeortes erhalten wollen als auch den Rote-Augen-Effekt reduzieren möchten, ist dies der Blitzmodus der Wahl. Auch dabei gilt es aufmerksam auf die Belichtungszeit zu achten; ein Stativ sollte für solche Aufnahmen deshalb besser stets griffbereit sein.

Meine Frau sammelt Leuchttürme. Das Exemplar hier musste als „Fotomodell" für die Langzeitsynchronisation herhalten. Beide Fotos entstanden kurz nacheinander mit Blitz, am selben Ort, bei gleichen Lichtbedingungen. In beiden Fällen brannte das Teelicht im Inneren, denn dieser Leuchtturm leuchtet tatsächlich. Da beim linken Foto jedoch der normale Aufhellblitz eingestellt war, hat die Kamera das Leuchten des Teelichts „totgeblitzt". Erst nach dem Umschalten auf die Langzeitsynchronisation lässt sich das Licht aus dem Inneren wahrnehmen.

RICHTIG BLITZEN

Um die letzte der möglichen Optionen zu betrachten, kann ich Ihnen ein paar technische Hintergründe leider nicht ersparen; aber ich mache es kurz. Wenn eine Kamera ein Bild schießt, öffnet sich der Verschluss, um Licht auf den Sensor zu lassen, und schließt sich am Ende der jeweiligen Verschlusszeit wieder. Man spricht hierbei vom ersten (das Öffnen) und zweiten (das Schließen) Verschlussvorhang.

Kommt beim Foto auch ein Blitz zum Einsatz, so wird dieser normalerweise auf den ersten Vorhang abgefeuert; also dann, wenn der Verschluss sich öffnet. Das ist für die überwiegende Mehrheit aller Motive auch genau richtig so. Bei bewegten Motiven kann es jedoch sein, dass dann ein sehr seltsamer Effekt auftritt: Die Bewegung erscheint unnatürlich, irgendwie „verkehrt", auf seltsame Art nicht richtig.

Zur Veranschaulichung ein unwissenschaftliches Beispiel: Ich habe mich dazu als „man in black" gekleidet (jaja, ich hätte freundlicher schauen können), und eine LED-Lampe in die Hand genommen. Die Kamera war mit Blitz auf ein Stativ montiert, der Blitz aktiviert, eine Langzeitbelichtung von fünf Sekunden war für die Aufnahmen voreingestellt.

Dies alles habe ich in meinem Flur aufgebaut und per Selbstauslöser die Fotos geschossen. Während der fünf Sekunden der Aufnahme habe ich die LED-Lampe mit meiner Hands langsam von rechts nach links bewegt (aus der Sicht des Betrachters).

Schauen Sie sich nun bitte das Foto auf dieser Seite genau an, das ich mit normaler Langzeitsynchronisation geschossen habe. Was stimmt hier nicht? Richtig, meine Hand befindet sich noch auf der rechten Seite, aber der Lichtstrahl ist schon quer über den Bildausschnitt nach links gewandert – das passt irgendwie nicht zusammen, oder?

Dass die Hand während der Belichtungszeit des Fotos von rechts nach links gewandert ist, lässt sich bei der Blitzsynchronisation auf den ersten Vorhang überhaupt nicht erkennen.

Zeit für dasselbe Foto, diesmal aber mit Langzeitsynchronisation auf den zweiten Vorhang. Das Ergebnis: Obwohl ich exakt dieselbe Bewegung ausgeführt ha-

RICHTIG BLITZEN

be, wirkt das Bild nun völlig anders. Denn meine Hand befindet sich jetzt auf der linken Seite des Bildausschnitts, also am Ende der Bewegung; ich ziehe den Lichtstrahl hinter meiner Hand her. Daher ist die Langzeitsynchronisation auf den zweiten Vorhang immer dann die richtige Wahl, wenn bewegte, beleuchtete Elemente im Spiel sind, und auf dem geschossenen Foto zunächst irgendwie komisch aussehen. Zum Beispiel ein Auto, das die roten Bremslichter vor sich her schiebt, statt sie hinter sich her zu ziehen. Aktivieren Sie in einem solchen Fall also die Langzeitsynchronisation auf den zweiten Vorhang, um der Sache Herr zu werden.

Achtung: Vergessen Sie bitte nicht dies anschließend wieder rückgängig zu machen, da für den weitaus größten Teil aller Blitzfotos der erste Verschlussvorhang der richtige ist. Die V1 behält diese Einstellung – auch nach einem Ausschalten der Kamera und/oder des Blitzes! – dauerhaft bei. Zwar gibt es einen Hinweis auf dem Display (und im Sucher), aber das hat man ja schnell mal übersehen.

Mit einer Langzeitsynchronisation des Blitzes auf den zweiten Verschlussvorhang stimmen die Handbewegung und das Bildergebnis nun auch überein. Diese Aufnahmen habe ich ausnahmsweise mit einer Nikon D5100 gemacht; mit einer V1 und dem SB-5 ist die Arbeitsweise identisch.

Normalerweise werden Sie den SB-N5-Blitz mit der TTL-Blitzbelichtungssteuerung betreiben. Doch genau wie beim Aufnahmemodus und dem Fokus bietet Ihnen die V1 auch für den Blitz an, diesen auf Wunsch manuell zu steuern. Dazu wählen Sie den entsprechenden Menüpunkt an, und stellen dort auf manuell um.

Da die Kamera und der Blitz die Kontrolle nun an Sie abgegeben haben, müssen Sie auch selbst bestimmen, wie stark der Blitz abgefeuert werden soll. Hierzu stehen Ihnen sechs Stufen von der vollen Blitzleistung bis zu einer Teilleistung von 1/32 zur Verfügung. Manuelles Blitzen bietet sich immer dann an, wenn Sie einen ganz besonderen Ef-

RICHTIG BLITZEN

fekt erzielen wollen. Oder auch, wenn die Automatik durch eine sehr schwierige Aufnahmesituation überfordert ist. Wie bei den anderen manuellen Modi der Kamera möchte ich Ihnen empfehlen, es einfach einmal auszuprobieren.

Diese Blitz-Einstellung ist auch für J1-Besitzer!

Nachdem die vorherigen Seiten leider nur für V1-Fotografen relevant waren, kommen wir nun zur letzten Blitz-Einstellmöglichkeit, die sich auch an der J1 vornehmen lässt.

Es kann ab und an erforderlich werden, dass Sie der Blitz-"Intelligenz" etwas auf die Sprünge helfen. Zum Beispiel dann, wenn die (automatische) Leistung zu stark oder zu schwach für Ihr Hauptmotiv ausfällt. Manchmal stößt die Blitzbelichtungsmessung an ihre Grenzen, denn genau wie bei der Belichtungsmessung (ohne Blitz) kann die Kamera ja nicht wissen, auf welchen Motivteil im Bildausschnitt es Ihnen besonders ankommt.

Der Blitzeinsatz war für dieses Foto einer alten Scheune notwendig. Ich musste dessen Leistung aber stark nach unten korrigieren, um die Lichtstimmung, die am Aufnahmeort gegeben war, auch entsprechend ins Foto transportieren zu können.

Die einfachste und in vielen Fällen erfolgreiche Methode ist die der Blitzbelichtungskorrektur, die Sie bei aktiviertem (J1) oder aufgestecktem und eingeschalteten (V1) Blitz als letzten Eintrag im Aufnahmemenü vorfinden. Rufen Sie diesen Menüpunkt auf, können Sie mit dem Multifunktionswähler eine Abschwächung oder Erhöhung der Blitzleistung erreichen. In gedrittelten Schritten können Sie die Kraft des Blitzes bis zu einer ganzen Stufe erhöhen, oder um bis zu drei volle Stufen absenken.

Die Wahl, die Sie zu treffen haben, ist logisch: Strahlt der Blitz zu stark auf Ihr Motiv, dann schwächen Sie dessen Leistung ab (negativer Wert). Hellt der Blitz hingegen zu schwach auf, dann wählen Sie einen positiven Wert. Eine Regel gibt es nicht, da die Korrektur von Motiv zu Motiv unterschiedlich ausfällt.

RICHTIG BLITZEN

Die Möglichkeiten des SB-N5-Blitzes ausnutzen

Sorry, liebe J1-Besitzer: Wie Sie schon an der Überschrift sehen, betrifft dieser Abschnitt abermals nur V1-Besitzer, die zudem über einen SB-N5 Blitz verfügen müssen. Dennoch ist es vielleicht für alle interessant zu sehen, welch unterschiedliche Beleuchtungsarten und -Wirkungen sich mit dem Blitz trotz seiner kleinen Größe erzeugen lassen. Als Fotomodelle standen mir freundlicherweise Frau Aiko aus Japan und Herr Jet aus China zur Verfügung.

Ich habe dazu mit dem Blitz selbst gearbeitet, und mich zusätzlich einer gewöhnlichen weißen Wand und Decke sowie ein paar Blättern herkömmlichen Kopierpapiers bedient. Wand, Decke und Papier habe ich als Reflektor und Streufläche eingesetzt, um dem Licht des Blitzes verschiedene Richtungen und Härtegrade zu geben. Obendrein habe ich natürlich auch die Fähigkeiten des SB-N5 genutzt, sich drehen und schwenken zu lassen. Sehen Sie bitte selbst.

Bei den folgenden Aufnahmen wurde der Blitz in die beschriebene Stellung gebracht und das/die genannten Hilfsmittel eingesetzt. Ansonsten wurde zwischen den Fotos aber nichts verändert. Beachten Sie jedoch, wie das unterschiedlich auftreffende Licht nicht nur die Hauptdarsteller, sondern auch den Hintergrund und den Untergrund mit beeinflusst.

Blitz direkt von vorne: Geht gar nicht, finde ich. Zwar stimmt die Belichtung der beiden Figuren perfekt, doch die harten Schatten an der Wand sind störend.

RICHTIG BLITZEN

Blitz nach links geschwenkt und vom Blatt Papier reflektiert: Deutlich weicheres Licht, und die Schatten sind jetzt durchaus akzeptabel.

Blitz nach oben gerichtet und von der Decke reflektiert: Eine sehr harmonische und weiche Ausleuchtung. Aber für mich ist das von allem etwas zuviel: Das Bild wirkt recht „flach".

RICHTIG BLITZEN

Blitz schräg nach oben und nach hinten geschwenkt und von Wand und Decke reflektiert: Ein nicht mehr ganz so mildes und weiches Licht. Jedoch geht das Glanzlicht auf dem Kimono verloren, und ein Schatten unter der Schale entsteht. Gefällt mir deshalb nicht so besonders.

Blitz schräg nach oben und nach links geschwenkt und vom Blatt Papier reflektiert: Mein Favorit. Hat für mich die natürlichste Wirkung.

DAS HAUPTMENU

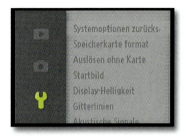

Systemeinstellungen

Nun sind wir bei der dritten Kategorie des Hauptmenüs angekommen, den Systemeinstellungen, die durch einen Schraubenschlüssel symbolisiert werden. Im Gegensatz zu den Aufnahmeeinstellungen, wo es primär um das Foto an sich geht, legen Sie hier fest, wie sich die Kamera insgesamt verhält. Vieles davon hängt stark von Ihren persönlichen Vorlieben ab; davon, wie Sie gerne fotografieren. Für einige Einstellmöglichkeiten gibt es aber grundsätzliche Empfehlungen, die ich Ihnen jeweils gerne nennen möchte. Auch bei den Systemeinstellungen gibt es einige Unterschiede zwischen der J1 und der V1 zu beachten, auf die ich selbstverständlich hinweisen werde.

Genau wie bei den Aufnahmeoptionen haben Sie bei den Systemeinstellungen als erstes die Möglichkeit, alles wieder auf die Werkseinstellungen zurückzusetzen. Normalerweise werden Sie dies eher selten tun, denn dann sind all Ihre persönlichen Einstellungen gelöscht. Es kann aber, besonders in der ersten Zeit des Kennenlernens der Kamera, durchaus mal vorkommen, dass Sie sich hoffnungslos verheddern. Dies ist dann der Rettungsanker: Setzen Sie alles zurück, fangen Sie in Ruhe wieder von vorne an.

Die Bezeichnung des nächsten Menüpunkts ist selbsterklärend: Wenn Sie ihn auswählen, und anschließend mit „OK" bestätigen, wird die eingelegte Speicherkarte formatiert. Ich rate Ihnen: Tun Sie dies immer dann, wenn Sie alle zuvor geschossenen Fotos auf den Computer überspielt haben und eine neue Fotoserie starten wollen. Es ist nicht ratsam, die Speicherkarte im Computer zu formatieren, da das jeweilige Betriebssystem manchmal versteckte Systemdateien auf der Karte hinterlässt, die die Kamera im schlimmsten Fall aus dem Tritt bringen könnten.

Auch dann, wenn die Speicherkarte zuvor in einer anderen Kamera benutzt wurde, sollten Sie sie dringend formatieren, bevor Sie weiter Fotos schießen. Ein Löschen aller Fotos ist übrigens nicht dasselbe: Dabei bleiben vorhandene Ordner und Dateien, die keine Fotos sind, unangetastet. Auch dies kann möglicherweise zu Fehlfunktionen führen. „Auslösen ohne Karte" – so ist der nächste Menüpunkt be-

DAS HAUPTMENU

nannt. Auch das muss ich nicht großartig erläutern: Hier entscheiden Sie, ob die Kamera auch ohne eingelegte Speicherkarte ausgelöst werden kann oder nicht. Klare Empfehlung: LOCK. Denn wenn Sie das Auslösen auch ohne Speicherkarte gestatten, könnte es irgendwann passieren, dass Sie von einer Fototour zurückkommen, und… Sie ahnen es.

Diesen Menüpunkt halte ich mit Verlaub – Nikon möge mir verzeihen – für absolut überflüssig. Sie wählen damit aus, ob Sie beim Einschalten der Kamera ein „Nikon 1" Logo angezeigt bekommen oder nicht. Lassen Sie es aus, denn erstens verlangsamt es den Start etwas, und zweitens wissen Sie ja, welche Kamera Sie gerade in der Hand halten.

Die Einstellungen der Helligkeit für die Anzeige unterscheiden sich logischerweise: Bei der J1 können Sie nur das rückseitige Display wunschgemäß anpassen, bei der V1 zusätzlich auch das Sucherbild. Eine allgemeingültige Empfehlung kann ich Ihnen nicht geben, da es hier stark um den individuellen Geschmack geht.

Die Anzeige zur Einstellung der Helligkeit bei der J1 (oben) und der V1 (unten).

Sie sollten jedoch einmal die Einstellung „-1" ausprobieren. Ich persönlich bin der Ansicht, dass das Vorschaubild vom Display (und vom Sucher) dem späteren Foto damit näher kommt als die Nullstellung. Aber, wie gesagt: Das ist Geschmackssache; stellen Sie es also nach Gusto ein.
Ob Sie sich Gitterlinien ins Display- / Sucherbild einblenden lassen möchten, entscheiden Sie in diesem Menüpunkt. Obwohl auch dies eine Sache der persönlichen Vor-

Der Menüpunkt „Display-Helligkeit" spaltet sich bei der V1 in „Monitorhelligkeit" und „Sucherhelligkeit" auf. Diese doppelte Wahlmöglichkeit steht naturgemäß nur bei der Kamera bereit, die über Monitor und Sucher verfügt.

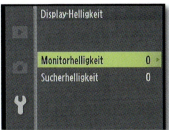  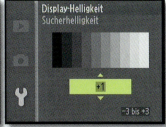

DAS HAUPTMENU

liebe ist, möchte ich Ihnen dazu gerne meine Empfehlung geben: Wenn Sie Landschafts- oder Architekturfotografie betreiben, oder Motive aufnehmen möchten, bei denen es auf eine exakte Ausrichtung der Kamera ankommt, sind diese Gitterlinien eine sehr wertvolle Hilfe. Sie leisten ebenfalls eine gute Hilfestellung zur Positionierung eines Gesichts im Goldenen Schnitt (siehe unten), sodass ich sie für Porträts meist zuschalte. Bei Motiven, bei denen die ge-

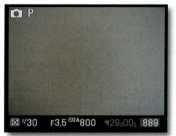 

naue Ausrichtung der Kamera nicht so wichtig oder gar unerwünscht ist, sollten Sie die Gitterlinien hingegen immer abschalten, damit der Blick auf das Motiv nicht unnötig abgelenkt wird.

Die Displayanzeige ohne (links) und mit Gitterlinien (rechts).

Kleiner Exkurs: Der Goldene Schnitt

Zwei Mal dasselbe hübsche Gesicht. Das rechte Foto wirkt eher langweilig, das linke „funktioniert". Warum? Schauen Sie bitte auf die Linien, die im linken Foto eingeblendet sind: Sie stellen den Goldenen Schnitt dar, bei dem das

Bildfeld horizontal und vertikal gedrittelt wird. Im rechten Foto liegen die (wichtigen!) Augen genau in der Mitte, im linken Bild aber auf einer der Linien. Das rechte Auge wird zudem von zwei Linien genau in der Pupille gekreuzt. Und das ist das ganze Geheimnis: Der wichtigste Teil Ihres Motivs sollte möglichst auf einer dieser Kreuzungen, zumindest aber auf einer der Linien, liegen. Das wirkt für

das menschliche Sehen sehr viel spannender, als wenn das Motiv einfach mitten im Bildfeld platziert ist. Dieser Trick ist übrigens schon ziem-

DAS HAUPTMENU

lich alt: Viele Tempel in Griechenland sind nach genau dieser Erkenntnis gebaut worden.

Mit dieser Option können Sie über das akustische Feedback der Kamera entscheiden. Da die V1 zusätzlich zum elektronischen Verschluss auch über einen mechanischen Verschluss verfügt, unterscheiden sich auch die Optionen der Menüs etwas: Bei der V1 (oberes Menüfoto) entscheiden Sie genau wie bei der J1 (unteres Foto), ob die Kamera einen Ton von sich geben soll, wenn der Autofokus sein Ziel gefunden hat, und ob der Selbstauslöser zusätzlich zum blinkenden Licht auch piepsen soll.

Bei der J1 (unten) können Sie zusätzlich festlegen, ob die Kamera bei Aktivität des Auslösers ein künstliches Geräusch erzeugt (an sich ist er lautlos); dasselbe gilt für den elektronischen Verschluss der V1 (oben). Für den mechanischen Verschluss der V1 lässt sich prinzipbedingt nichts einstellen, denn dieser erzeugt immer ein Geräusch.

Ich lasse mir das Verschlussgeräusch des elektronischen Verschlusses normalerweise immer ausgeben. Dadurch hat man ein gutes Feedback, wann die Kamera das Foto im Kasten hat. Es sei denn, ich fotografiere in sensiblem Umfeld wie etwa einer Kirche; dann stelle ich auf „lautlos".

Hier wählen Sie, wann Ihre Nikon sich „schlafen legt". Die Kamera schaltet sich nach der voreingestellten Zeit nicht sofort aus, sondern geht zunächst in den Ruhemodus, um sich später dann komplett abzuschalten. Mein Rat: Mit einer Minute erzeugen Sie einen guten Kompromiss. Kürzer kann nervig werden, weil sich die Kamera zu schnell in den Ruhemodus begibt und immer erst wieder geweckt werden muss. Das dauert etwas, und ist für Schnappschüsse kontraproduktiv. Eine längere Zeit saugt jedoch den Akku viel schneller leer – entscheiden müssen Sie aber selbst.

Fotografieren Sie mit dem Fernauslöser, bestimmen Sie hier ebenfalls die Zeitspanne bis zum Ruhemodus. Dabei kommt es nur darauf an, was oder besser wie Sie gerade fotografieren. Normalerweise sind die kürzeren Zeiten völlig ausreichend. Für spezielle Motive (zum Beispiel scheue Tiere in freier Wildbahn) kann es aber durchaus auch ange-

DAS HAUPTMENU

bracht sein, die Kamera auf eine lange Wartezeit einzurichten, damit Sie genug Spielraum haben.

Wie ich bereits im Kapitel „Die Bedienung" dargelegt habe, spreche ich eine klare Empfehlung für die „AE-L/AF-L"-Taste aus: Legen Sie **entweder** die Fokusspeicherung **oder** die Belichtungsspeicherung fest. Beides zusammen hat in aller Regel keinen Sinn. Ich empfehle die Belichtungsspeicherung; den Fokus können Sie mittels halb gedrücktem Auslöser temporär festhalten.

Gut, zugegeben: Es geht auch genau anders herum, als ich es empfohlen habe. Wenn Sie mit der „AE-L/AF-L"-Taste lieber den Fokus speichern möchten, können Sie hier festlegen, dass durch halbes Durchdrücken des Auslösers die Belichtung temporär gespeichert wird. Wenn Sie dieser Kombination den Vorzug geben, spricht absolut nichts dagegen.

Filme werden bei beiden Kameras wahlweise in Full HD mit 60 Halbbildern (1080/60i), 30 Vollbildern (1080/30p) oder „nur" in HD mit 60 Vollbildern (720/60p) aufgenommen. Doch nur bei der V1 kann man zwischen dem amerikanischen NTSC und dem europäischen PAL auswählen. Für die Videoausgabe über HDMI ist die Norm bedeutungslos, da sich die Gegenüber automatisch verständigen. Die V1 hat zusätzlich zum (digitalen) HDMI-Ausgang aber auch noch einen analogen Audio- / Video-Ausgang, und (nur) für diesen wird die passende Norm hier eingestellt.

Wenn Sie einen Fernseher per HDMI-Kabel an Ihre Nikon anschließen und dieser ebenfalls das HDMI-Steuerungsprotokoll unterstützt (was bei allen neueren Geräten meist der Fall ist), können Sie die Bildershow Ihrer Kamera komfortabel mit der Fernbedienung des Fernsehers steuern.

Wenn eine elektrische Lampe oder Leuchte im Bild ist kann es sein, dass auf dem Display oder im Sucher der V1 sowie in Filmaufnahmen ein Flimmern und Flackern zu sehen ist. Ein Umschalten von 50Hz auf 60Hz oder umgekehrt sollte dies beheben. Für den deutschsprachigen Raum ist 50Hz normalerweise die passende Grundeinstellung.

DAS HAUPTMENU

Ich rate dazu, diese unscheinbare Wahlmöglichkeit mit größter Vorsicht zu behandeln. Warum? Stellen Sie sich vor: Sie haben Ihre Nikon neu bekommen, machen im Laufe der Zeit Ihre ersten – sagen wir – 500 Fotos. Und dann beschließen Sie, die Dateinummern wieder zurückzusetzen. Das bedeutet: Die Kamera fängt wieder ganz neu an zu zählen; also bei „DSC_0001, 0002, 0003..."

Allerdings haben Sie ja schon Dateien mit genau diesem Namen auf Ihrer Festplatte. Falls Sie nicht zu den Fotografen gehören, die Ihre Fotos penibel sortieren oder direkt beim Überspielvorgang umbenennen (siehe Kapitel „Software"), ist Chaos vorprogrammiert, weil Sie alle Dateinamen ab jetzt doppelt vergeben. Überlegen Sie also gut, ob Sie diese Option jemals (!) aktivieren wollen.

Normalerweise stellen Sie Zeit und Datum nur einmal ein: Wenn Sie die Kamera erstmals in Händen halten. Falls Sie auf Reisen in eine andere Zeitzone kommen, empfiehlt sich aber die Einstellung der korrekten Uhrzeit, damit Ihre Fotos auch den richtigen Zeit- und Datumsstempel von der Kamera in die EXIF-Daten geschrieben bekommen.

Dazu müssen Sie Zeit und Datum aber nicht komplett neu eingeben: Navigieren Sie einfach zum obersten Unterpunkt „Zeitzone", und legen Sie dort die entsprechende Zeitzone Ihres Aufenthaltsortes fest. Das geht sehr schnell und sehr einfach. Nicht vergessen: Nach der Reise wieder auf die heimatliche Zeitzone umstellen!

Hierzu muss ich nicht viel erklären: Normalerweise dürfte dieser Eintrag auf „Deutsch" stehen. Ist Deutsch jedoch nicht Ihre Muttersprache, und Sie möchten lieber diese zur Bedienung verwenden, so können Sie dies hier einstellen.

DAS HAUPTMENU

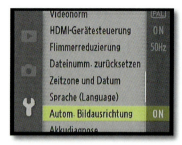

Dieser Menüpunkt der Systemeinstellungen sorgt oftmals für Verwirrung. Viele verwechseln ihn respektive seine Funktion oder Wirkung mit dem Eintrag „Hochformatanzeige", den es im Wiedergabemenü gibt. Die Unterscheidung ist aber nicht sehr schwer: Mit der Hochformatanzeige entscheiden Sie, ob Ihnen ein bereits geschossenens (hochformatiges) Bild mit der richtigen Orientierung, aber klein, angezeigt wird, oder ob Sie es lieber liegend, dafür größer, dargestellt haben möchten.

Hier aber, bei der automatischen Bildausrichtung, müssen Sie sich entscheiden, ob die Kamera in die EXIF-Daten schreiben soll, dass es sich um ein hochformatiges Foto handelt. Ist die Option aktiviert, wird der entsprechende EXIF-Eintrag von jeder Software, die mit Fotos umgehen kann, ausgelesen, und das Bild am Monitor des Computers mit der richtigen Orientierung dargestellt. Während die Hochformatanzeige Geschmackssache ist, sollten Sie die automatische Bildausrichtung immer aktivieren; alles andere macht keinen Sinn sondern höchstens mehr Arbeit.

Die V1 verfügt über einen leistungsfähigeren Akku als die J1. Leider ist nur der große Energiespender mit der nötigen Diagnoseelektronik ausgestattet, sodass J1-Besitzer diesen Menüpunkt nicht angezeigt bekommen. Hier gibt's Infos über den aktuellen Ladestand, und, im Laufe der Zeit noch wichtiger: Die untere Anzeige „Akkukapazität" gibt Auskunft darüber, in welchem Lebensstadium sich der Akku befindet, denn kein Akku hält ewig. Hier ist alles in Ordnung. Je weiter der kleine Pfeil aber nach rechts wandert, desto kürzer ist die noch verbleibende Lebensdauer.

Den letzten Eintrag der Systemeinstellungen weisen beide Kameras gemeinsam auf. Hier können Sie sich die Version der Firmware, des Betriebssystems, anzeigen lassen, und bei Erscheinen neuer Versionen auch aktualisieren. „A" und „B" sind für die Kamera selbst. „L" steht für „Lens", also Objektiv, denn auch diese haben eine Firmware, die per Kamera aktualisiert werden kann. „S" gibt's nur bei der V1 und bedeutet „Speedlight": Hier wird der optionale SB-N5-Blitz bei Bedarf aktualisiert, während der eingebaute Blitz der J1 mit über die Firmware der Kamera läuft.

DAS HAUPTMENU

Vielen Punkte galt es für das Hauptmenü zu besprechen, doch nun haben wir es geschafft.
Zur Auflockerung zeige ich Ihnen ein paar Fotos, die mit der J1 entstanden sind.

- 1/50s, f5,0, ISO 200, 23,6mm (63,5mm KB)

DAS HAUPTMENÜ

• 1/13s, f4,2, ISO 800, 15,7mm (42mm KB)

• 1/13s, f4,5, ISO 800, 17,5mm (47mm KB)

DAS HAUPTMENU

- 1/200s, f4,0, ISO 100, 13,6mm (36mm KB)

- 1/250s, f5,0, ISO 100, 21,1mm (56mm KB)

DAS HAUPTMENU

• 1/30s, f5,0, ISO 400, 21,1mm (56mm KB)

Die Videofunktionen

In der heutigen Zeit verfügen nahezu alle Digitalkameras über eine Videofunktion. Die großen (Spiegelreflex-) Kameras haben dabei ausnahmsweise mal von den Kompakten „gelernt", denn die kleinen Kameras waren es, die zuerst mit Bewegtbildern aufwarten konnten.

Nun sind die Nikon 1 Kameras bekanntlich nicht nach dem Spiegelreflex-Prinzip gebaut; Kompakte im herkömmlichen Sinne sind sie aber auch nicht. Was bedeutet das nun für die Videofunktion(en)?

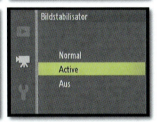

Die Antwort verbirgt sich hinter den Menüfotos, die ich Ihnen links aufgereiht habe. Die kennen Sie alle schon? Völlig richtig. Aber: Dies sind die zahlreichen Optionen, die Sie auch fürs Videofilmen einstellen können, nicht (nur) für Fotos!

Die J1 und die V1 beherrschen Bewegtbilder in exzellenter Form, so gut, dass die meisten Besitzer von Consumer-Camcordern vor Neid erblassen dürften. Zum Filmen mit einer Nikon 1 können Sie eine Fülle an Einstellungen vornehmen, ganz so, wie Sie es beim Fotografieren bereits gewohnt sind; Camcorder können da nicht mithalten.

Dabei habe ich Ihnen noch längst nicht alle Menüpunkte gezeigt; es lässt sich weitaus mehr einstellen. Was alles möglich ist, und wie Sie es am besten einsetzen, möchte ich Ihnen auf den nächsten Seiten gerne vorstellen.

DIE VIDEOFUNKTIONEN

Sie haben auf der vorherigen Seite bereits Menüfotos zahlreicher Einstellmöglichkeiten gesehen. Wie Sie nun wissen, sind viele der Optionen bei Foto und bei Video deckungsgleich. Deshalb hat es wenig Sinn, wenn ich nachfolgend jeden einzelnen Menüpunkt, den Sie zum Filmen anwählen können, nochmals vorstelle, denn das meiste davon wissen Sie ja schon. Ich beschränke mich daher im Folgenden auf die Einstellmöglichkeiten, die ausschließlich für den Videodreh relevant sind.

Video: Die technischen Hintergründe

Zunächst etwas Tech-Talk zum besseren Verständnis: Die Kameras nehmen Videos in zwei verschiedenen Formaten auf: 1.920 mal 1.080 Pixel und 1.280 mal 720 Bildpunkte. Die höchste Auflösung wird auch als Full HD oder schlicht 1080 bezeichnet; sie hat ein Seitenverhältnis von 16:9. Beim Full HD-Format können Sie wählen, ob Sie die Videos mit Halbbildern (im Fachjargon „interlaced" genannt; daher die Abkürzung „i") oder mit Vollbildern („progressive", „p") aufzeichnen möchten. Doch was bedeutet das?

Schematische Darstellung des Interlaced-Verfahrens.

1080i bedeutet, dass pro Einzelbild in Wirklichkeit nur 540 Zeilen erfasst werden; die restlichen 540 Zeilen werden dann im nächsten Einzelbild aufgezeichnet. Beide Bildhälften werden zusammengefügt und ineinander verzahnt (interlaced). Bei 1080p hingegen werden volle 1080 Zeilen pro Bild aufgezeichnet. Aber wenn Sie genau hinschauen stellen Sie fest: 1080i-Videos werden von den Kameras mit 60 Bildern pro Sekunde aufgezeichnet (60i), 1080p-Videos hingegen mit 30 Bildern pro Sekunde (30p). 60 Halbbilder ergeben 30 Vollbilder – also herrscht hier Gleichstand.

DIE VIDEOFUNKTIONEN

Jetzt könnte man salopp fragen, was der Quatsch soll, zwei verschiedene Einstellungen anzubieten, die dasselbe Resultat haben. Entgegen aller mathematischer Logik ist das Ergebnis aber nicht identisch, wie ich Ihnen zeigen möchte.

Beim Interlaced-Verfahren, also den Halbbildern, ist die Bildwiederholfrequenz doppelt so hoch wie bei der progressiven Aufzeichnung mit Vollbildern. Aber, und das ist zum Verständnis sehr wichtig: Durch die doppelte Bildwiederholfrequenz steigt die Datenrate dabei nicht auch auf das Doppelte an, da es sich ja nur um Halbbilder handelt.

Der wesentliche Unterschied zwischen beiden Verfahren in einem Satz zusammengefasst: Die Bildwiederholfrequenz bei Interlaced ist doppelt so hoch, aber die Datenrate ist es nicht. Damit stellt sich die berechtigte Frage nach der Daseinsberechtigung von 1080/30p: Die Datenrate zu 1080/60i ist ähnlich, aber die Bildwiederholfrequenz um 50 Prozent geringer – wozu also mit 1080/30p filmen?

Ruhige Motive (oben) sollten Sie mit 1080/30p filmen. Ist das Motiv schnell in Bewegung (unten), ist 1080/60i der Modus der Wahl.

An dieser Stelle kommt die Wahrnehmung des menschlichen Sehapparates, also unsere Augen und unser Gehirn, ins Spiel. Vollbilder (progressive) werden von den allermeisten Menschen als ruhiger wahrgenommen. Halbbilder erzeugen durch den ständigen Wechsel zwischen geraden und ungeraden Bildzeilen (siehe Infografik auf der linken Seite) auch heute noch ein Zeilenflimmern, wenngleich dieses dank moderner Technik längst nicht mehr so deutlich auftritt wie zu „guten alten PAL-Zeiten". Ein Progressive-Video mit Vollbildern sorgt schlicht für entspannteres Zusehen.

Alles, was Sie sich von diesen beiden mit Zahlen und Vergleichsrechnungen gespickten Seiten zum Videodreh mit Ihrer Nikon 1 merken müssen: Für statische oder wenig bewegte Motive ist

DIE VIDEOFUNKTIONEN

Datenrate und Dateigröße bei 1080/60i.

Datenrate und Dateigröße bei 1080/30p.

Datenrate und Dateigröße bei 720/60p.

1080/30p der bessere Modus; für schnell bewegte Objekte sollten Sie möglichst 1080/60i einstellen.

Die kleinere Auflösung ist als HD oder 720 bekannt und hat ebenfalls ein Verhältnis von 16:9. Hier haben Sie keine Wahl zwischen interlaced und progressive, denn es wird nur der Vollbildmodus angeboten (720/60p). Aber Moment mal: Jetzt zeichnet die Kamera 60 Vollbilder pro Sekunde auf statt nur 30 wie beim 1080p-Format: Wieso? Ganz einfach: Weil sie die anfallende Datenmenge des kleineren HD-Formats auch bei 60 Vollbildern pro Sekunde bewältigen kann; bei Full HD wäre es einfach zuviel des Guten. Nicht nur für die Kamera, sondern auch für die Speicherkarte und auch für die Nachbearbeitung.

Beim Videoformat setzt Nikon bei allen drei möglichen Aufzeichnungsarten mit MPEG4 und H.264-Kompression auf das derzeit modernste und leistungsfähigste Verfahren für digitale Bewegtbilder; die Filmclips werden im MOV-Format gespeichert. Der Vorteil dieser Aufzeichnungsart liegt in der sehr hohen Qualität bei vergleichsweise kleiner Größe. Doch es gibt auch Nachteile: Zur Bearbeitung von H.264 bedarf es jeder Menge Rechenpower.

Wählen Sie das richtige Videoformat

Sie wissen jetzt, dass die Kameras mehrere HD-Videomodi anbieten, die sich hinsichtlich Größe, Datenrate und Qualitätsstufe unterscheiden. Doch welche Einstellung sollten Sie wählen? Ich habe zwar eine klare Empfehlung für Sie, aber die wird Sie höchstwahrscheinlich etwas überraschen.

Die ultimative Wahl hinsichtlich der Qualität ist natürlich Full HD, keine Frage. Damit liefern die Kameras im progressiven 1080/30p-Modus Videos auf dem Niveau einer Blu-ray, auch wenn die Datenrate bei den Nikons niedriger ausfällt als bei der blauen Scheibe. Alles klar, dann sollte man doch immer diese Qualitätsstufe nehmen, oder?

Auch wenn Sie jetzt stutzen werden: Ich rate für die allermeisten Gelegenheiten davon ab. Und das möchte ich gerne begründen: Je höher die HD-Video-Bildgröße, und je höher die Qualitätsstufe, desto größer auch die Dateigröße,

DIE VIDEOFUNKTIONEN

die auf der Speicherkarte landet, wie Sie auf der linken Seite sehen können. Eine Minute 1080/60i-Film belegt fast 183 MByte, eine Minute Film in 1080/30p gut 153 MByte, und beim 720/60p-Video sind es knapp 120 MByte. Damit passen bei 1080p rund 43 Minuten auf eine 8-GByte-Karte. Doch das MPEG4/H.264-Format, in dem die Kameras ihre Videos aufzeichnen, fordert, wie schon erwähnt, bei der Nachbearbeitung am Computer eine enorme Rechenleistung. Natürlich ganz besonders bei 1080er-Filmen. Gerade dann, wenn Sie neben einfachen Schnitten noch Titel, Übergänge oder gar besondere Effekte anwenden wollen.

So etwas haben Sie nicht zu Hause stehen? Ich auch nicht. Und darum empfehle ich 720/60p als Aufnahmeformat für Nikon 1 Videos.

Alle Filmer, die (wie ich) über einen recht aktuellen und ganz gut ausgestatteten Computer, aber nicht über eine High-End-Videoschnitt-Maschine verfügen, werden dabei einer sehr harten Geduldsprobe unterzogen, denn das Rendern des fertigen Films kann eine kleine Ewigkeit dauern. Haben Sie allerdings noch einen etwas älteren und/oder nicht ganz so gut ausgestatteten Computer daheim, dann macht es nun wirklich gar keinen Spaß, Filme in der höchsten Qualitätsstufe zu schneiden.

Deutlich angenehmer, wenn auch immer noch etwas zäh, verläuft die Sache, wenn Sie mit 720p arbeiten. Alles reagiert flotter, der Platzbedarf ist geringer, und auch die Renderzeit reduziert sich deutlich, sodass man sich auch mit einem etwas älteren Computer durchaus an den Videoschnitt wagen kann. Nach meinem persönlichen Qualitätsempfinden ist das Ergebnis mehr als hochwertig; auf meinem 46-Zoll-HD-Fernseher sieht 720p jedenfalls ganz klasse aus.

Deshalb möchte ich an dieser Stelle meine Empfehlung nochmals klar aussprechen: Wenn Sie mit 720p filmen, haben Sie nicht nur weniger Datenmenge und damit auch weniger Probleme bei der Verarbeitung, sondern Sie bekommen die Vorteile der hohen Bildwiederholrate (für bewegte Motive) und des ruhigeren Bildes (durch Vollbilder) auf einmal. Übrigens strahlen auch ARD, ZDF und arte in 720p aus – so schlecht kann es also nicht sein...

DIE VIDEOFUNKTIONEN

Video: Die Einstellmöglichkeiten

Die grundsätzlichen Fragen bezüglich des Videofilmens mit Ihrer Nikon 1 haben wir also geklärt. Nun wird es Zeit, sich den Einstellmöglichkeiten zu widmen. Dazu konzentriere ich mich nur auf die videospezifischen Menüpunkte, wie ich eingangs bereits dargelegt habe.

Wenn Sie zwar gerne filmen, aber später eher weniger oder gar nicht nachbearbeiten möchten, können Sie hier den einzelnen Szenen etwas mehr Pfiff verleihen. Die Clips lassen sich mit dieser Option ein- oder ausblenden, wobei Sie die Wahl zwischen einer weißen und einer schwarzen Überblendung haben. Mir persönlich ist die weiße Überblendung zu schnell und zu grell; die schwarze Variante empfinde ich als angenehmer und ruhiger. Aber das ist Geschmacksache; probieren Sie es selbst aus.

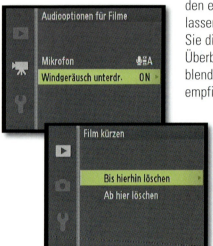

Der Vollständigkeit halber erwähne ich hier nochmals die Audiooptionen für Filme, die leider nur bei der V1 einstellbar sind. Bitte entnehmen Sie die Details hierzu dem Kapitel „Das Hauptmenü - Aufnahme Teil 6". Gleiches gilt für die Möglichkeit Filme zu kürzen; darauf bin ich im Kapitel „Das Hauptmenü – Wicdergabe" bereits ausführlich eingegangen.

Video: Die Sonderfunktionen

Damit wären wir prinzipiell auch schon mit den speziellen Videooptionen des Hauptmenüs durch, denn die restlichen Einstellungen gleichen den Möglichkeiten für Fotos exakt. Dennoch schließen wir das Kapitel Video aber noch nicht ab, denn es gilt einige interessante Video-Sonderfunktionen, über die beide Kameras verfügen, vorzustellen.

Die J1 und die V1 können nicht nur normale Videos aufnehmen, sondern auch Filmclips in Zeitlupe. Diese aktivieren Sie bei vorgewählter Videofunktion durch Drücken der „F"- (Funktions-) Taste und den Wechsel auf „Zeitlupe", wie links im Menüfoto zu sehen ist. Sie werden dabei auf dem Display (und im Sucher der V1) feststellen, dass das Video-Bildfeld nun eine ungewöhnlich schmale und in die Breite

DIE VIDEOFUNKTIONEN

gezogene Form annimmt, wie das nebenstehende Menüfoto zeigt. Der Grund: Bei Zeitlupenaufnahmen zeichnen die Kameras Videos in einem Format auf, das mit HD oder gar Full HD nichts mehr zu tun hat.

Dazu zunächst ein kleiner Schwenk zu den beiden Bildaufzeichnungsraten, zwischen denen Sie bei voreingestellter Zeitlupenfunktion (und nur dann) im Aufnahmemenü wählen können: 400 Bilder pro Sekunde oder 1.200 Bilder pro Sekunde. Wow, was für Geschwindigkeiten. Das muss man erst mal sacken lassen, finde ich, denn solche Bildwiederholraten suchen Sie bei jedem Consumer-Camcorder (und auch bei den meisten Profimodellen) vergebens.

Allerdings unterliegen diese beiden High-Speed-Videos einigen Einschränkungen. Wie oben bereits erwähnt, geht es hier nicht um hochqualitatives (Full) HD. Bei 400 Bildern je Sekunde erfolgt die Aufzeichnung im Format 640 mal 480 Pixel, bei 1.200 Bildern pro Sekunde sind es gar nur noch 320 mal 120 Pixel, wie Sie links sehen können. Also nichts für den anspruchsvollen HD-Genuss auf einem Flachbildfernseher, aber allemal genug für eine Menge Spaß.

Eine weitere Einschränkung besteht in der Aufnahmedauer: Maximal fünf Sekunden beträgt sie bei beiden Zeitlupenformaten. Wenn Sie sich links die Daten im rot umrandeten Feld anschauen, werden Sie aber feststellen, dass die jeweilige Dauer des fertigen Clips mit 1:07 Minuten (bei 400 Bildern/s; oben) und 3:20 Minuten (bei 1.200 Bildern/s; unten) angegeben wird. Und das ist der Trick der Kameras: Die Clips werden bei der Aufzeichnung so markiert, dass sie von jedem Gerät, das MOV-Dateien wiedergeben kann, mit (ganz normalen) 30 Bildern pro Sekunde ausgegeben werden; so wird der Zeitlupeneffekt erreicht.

Die Kameras speichern die Zeitlupenclips übrigens zunächst im internen Speicher, um sie erst danach auf die Speicherkarte zu schreiben, was einige Sekunden in Anspruch nimmt – richten Sie sich darauf entsprechend ein. Als ich die ersten Videos mit der V1 aufnehmen wollte habe ich gewohnheitsmäßig auf den normalen Auslöser gedrückt. Und mich gewundert, dass die Videoaufnahme nicht gestartet ist. „Trottel", dachte ich mir, für Videos gibt es ja

DIE VIDEOFUNKTIONEN

Der gesonderte Video-Auslöser ist etwas kleiner und mit einem roten Punkt versehen. Oben im Bild die J1, unten der Auslöser der V1.

einen eigenen Startknopf: Den etwas kleineren rechts vom Foto-Auslöser. Er ist zudem mit einem roten Punkt versehen – damit sollten Verwechslungen eigentlich ausgeschlossen sein (wenn man nicht so schusselig ist wie ich). Man muss sich allerdings daran gewöhnen, wie ich finde, aber das geht recht schnell.

Falls Sie während einer laufenden Videoaufnahme auf den Foto-Auslöser drücken, werden Sie feststellen: Die Kameras können während des Video-Recordings gleichzeitig auch Fotos schießen. Und das, ohne dass die laufende Videoaufnahme unterbrochen werden muss, und ohne dass man auch nur den kleinsten Fehler im späteren Videofilm sieht. Erneut zeigt sich hier ein Beweis für die unglaublich hohe Verarbeitungsgeschwindigkeit der Prozessoren. Diese Fähigkeit finde ich sehr praktisch. Kommt während eines Videoclips eine Aufnahmesituation, die geradezu

DIE VIDEOFUNKTIONEN

nach einem Schnappschuss schreit, so ist man normalerweise verloren: Bis man die laufende Videoaufnahme beendet und die Fotofunktion aktiviert hat, ist der Schnappschuss-Moment längst vorbei. Nicht so mit Nikon 1, denn hier geht beides problemlos auch parallel.

Allerdings gibt es zwei Einschränkungen. Erstens: Wenn Sie während der laufenden Videoaufnahme ein Foto schießen, so hat dieses dieselbe Auflösung, mit der Sie auch filmen (also 1.920 mal 1.080 oder 1.280 mal 720 Bildpunkte). Das ergibt rund 2 Megapixel bei Full HD oder gut 920.000 Pixel bei HD. Das reicht (immer) für die Darstellung auf dem Fernseher oder (meistens) für einen kleinen Ausdruck; aber mehr ist nicht drin. Zweitens werden die Fotos ausschließlich als JPEGs gespeichert; egal, was Sie für Ihre Fotoaufnahmen normalerweise als Standard eingestellt haben – das sollten Sie im Hinterkopf behalten.

Alle drei Bildbeispiele sind sowohl von der Größe als auch vom Format her maßstabsgetreu dargestellt.

Ich fand die Gelegenheit ganz passend, die Bildgrößen einmal anschaulich gegenüber zu stellen. Nur für den Fall, dass bei Ihnen doch noch letzte kleine Zweifel bestehen sollten, ob die 10 Megapixel Fotoauflösung von Nikon 1 denn auch wirklich genug sind.

Auf der linken Seite ein Foto der V1 (bei der J1 wäre es natürlich genauso) in der höchstmöglichen Bildgröße von 10 Megapixel. Auf dieser Seite zum Vergleich: Full HD (oben) und HD (unten). Wie ich bereits erwähnt habe, und wie Sie vielleicht auch schon selbst wissen, reicht selbst die im direkten Vergleich zierliche HD-Größe für eine gestochen scharfe und detailreiche Darstellung auf einem Flachbildschirm aus. Braucht man also wirklich mehr als 10 Megapixel zum Glück? Ich denke nein.

DIE VIDEOFUNKTIONEN

Video: Die Praxis

Nachdem ich Ihnen jetzt alle Einstelloptionen vorgestellt habe, möchte ich Ihnen noch einige praktische Tipps an die Hand geben. Diese sollen Ihnen einerseits natürlich zu besseren Videoaufnahmen verhelfen. Andererseits möchte ich Ihnen damit einen Teil der „harten Schule" ersparen, durch die ich bezüglich des Videofilmens mit einem Aufnahmegerät, das nicht „Camcorder" heisst, gegangen bin. Videofilmen mit einer Nikon 1 (oder auch mit einer DSLR) ist nämlich eine ganz eigene Sache, wie ich finde.

Vergessen Sie alles, was Sie übers Videofilmen wissen

Videos mit einer Nikon 1 zu drehen, ist wie gesagt etwas völlig anderes, als einen Camcorder zu benutzen. Zwar produzieren sowohl die J1 oder V1 als auch ein Camcorder Videos. Die Unterschiede fangen jedoch schon bei der Technik an: Ein Camcorder hat einen kleinen Bildchip, eine Nikon 1 einen (im Verhältnis) viel größeren Sensor. Ein Camcorder kann standardmäßig motorisch zoomen, eine Nikon 1 nur dann, wenn Sie das spezielle Videoobjektiv 1 Nikkor VR 10-100 mm PD benutzen.

Nur mit dem 1 Nikkor VR 10-100 mm PD gibt's auch beim Nikon 1 Videodreh den motorischen Zoom.

Ein (Consumer-) Camcorder hat ein festes Objektiv, bei einer Nikon 1 ist es wechselbar – und es gibt noch viel mehr Unterschiede. Eine J1 oder V1 hält man ganz anders als einen Camcorder, und auch die sonstige Bedienung unterscheidet sich sehr stark. Wenn Sie noch nie mit einem Camcorder gefilmt haben: Gut, dann können Sie bei Null anfangen, das Handling zu lernen. Falls Sie hingegen Camcorder-Filmer sind oder einmal waren: Bitte fangen gerade Sie auch wieder bei Null an. Ernsthaft.

Ein gutes Videostativ gibt es samt passendem Stativkopf schon für um die 100 Euro.

Benutzen Sie ein Stativ

Ziemlich banale Regel, könnte man meinen, aber dem ist nicht so. Während man bei einem Camcorder durchaus auch ruhige Aufnahmen aus der Hand hinbekommen kann, ist dies bei einer Nikon 1 schon viel schwieriger. Durch Größe und Bauart bedingt, kann man sie oft nicht ruhig genug halten. Wenn auch noch ein externes Mikrofon (bei der

DIE VIDEOFUNKTIONEN

Nikons eigenes Mikrofon namens ME-1 kostet gut 100 Euro. Es gibt aber auch Alternativen von anderen Herstellern.

V1) und das vergleichsweise schwere 10-100 mm-Video-Objektiv angeschlossen sind, reicht auch eine stabile Unterlage nicht mehr aus. Deshalb: Ein robustes, hochwertiges Video-Stativ ist unumgänglich. Sie sollten sich ein gutes Exemplar zulegen (und auch mitführen!), wenn Sie regelmäßig hochwertige Videos drehen möchten.

Kaufen Sie ein externes Mikrofon

Leider bleiben J1-Besitzer bei diesem Ratschlag außen vor, denn sie können kein externes Mikrofon anschließen. V1-Besitzern sage ich aber: Wenn die Tonqualität Ihrer Filme mit der Videoqualität mithalten soll, sollten Sie über ein externes Mikrofon nachdenken. Zum Glück wird die Auswahl immer größer und die Preise sinken, sodass Sie bestimmt das für Sie passende Modell finden werden.

Fokussieren Sie richtig

Prinzipiell funktioniert der Autofokus beim Videodreh genau so wie beim Fotografieren. Deshalb werden Ihnen die Fokusmethoden sicher bekannt vorkommen: Einzelautofokus (AF-S), Permanenter Autofokus (AF-F) und Manuelle Fokussierung (MF). Aber Moment mal: „AF-F"? Was ist das denn bitte? Gut aufgepasst, denn diese Fokuseinstellung gibt's nur beim Videodreh, nicht aber beim Fotografieren.

Was verbirgt sich dahinter? Im Prinzip der nachführende Autofokus, der beim Fotografieren ja „AF-C" (continious, kontinuierlich) heisst, wie Sie wissen. Der Unterschied: Während Sie bei AF-C mit dem Finger den Auslöser permanent halb durchdrücken müssen, um den Autofokus aktiv zu halten, reicht beim AF-F ein einmaliges halbes Durchdrücken. Danach führt der Autofokus die Schärfe permanent nach, auch wenn – und das ist der wesentliche Unterschied – Ihr Finger nicht mehr auf dem Auslöser ruht. Ein perfekter Fokusmodus für Videofilme, der sehr praktisch ist.

Vergessen Sie das Zoomen

Was bei einem Camcorder selbstverständlich ist, geht bei einer Nikon 1 mangels Motor nicht: Zoomen. Sie müssten dazu während der Aufnahme am Zoomring drehen, was –

DIE VIDEOFUNKTIONEN

auch auf einem felsenfesten Stativ – unweigerlich für Wackler sorgt. Daher mein Rat: Lassen Sie es. Einzige Ausnahme: Sie haben sich das 10-100 mm Objektiv gekauft, das ein Motorzoom eingebaut hat.

Nutzen Sie den Wechselobjektiv-Trumpf

Consumer-Camcorder haben ein fest verbautes Objektiv. So steht Ihnen zwar ein mehr oder weniger großer Zoombereich zur Verfügung, das war's aber auch schon. Nicht so bei Nikon 1. Denn hier können Sie einen ihrer größten Trümpfe ausspielen: Die Möglichkeit, das Objektiv zu wechseln. Egal, ob 10-30 Millimeter, 30-110 Millimeter oder Pancake: Sie haben die Wahl, die sich in Zukunft vermutlich noch vergrößern wird, denn Nikon wird sicher weitere Objektive für Nikon 1 auf den Markt bringen. Nutzen Sie diesen Vorteil auch und gerade für Videofilme!

Öffnen Sie die Blende

Gerade beim Videodreh macht es sehr viel Spaß, kreativ mit Schärfe- Unschärfeverläufen zu experimentieren.

Dieser Tipp hängt natürlich sehr eng mit der vorherigen Empfehlung zusammen, die Objektivpalette kreativ einzusetzen. Bei einer möglichst weit geöffneten Blende ist der Bereich der Schärfentiefe bekanntlich gering. Wenn Sie nun mit möglichst geringer Schärfentiefe filmen, bekommen Sie mit Ihrer Nikon 1 einen Look hin, der mit einem Consumer-Camcorder schlicht nicht zu realisieren ist; dazu brauchte man bislang ultrateueres Profi-Equipment. Genau wie beim Fotografieren kommt es bei offener Blende natürlich sehr darauf an, dass Sie beim Fokussieren alles daran setzen, dass der Fokus auch auf den Punkt genau sitzt.

Greifen Sie auch bei Video in die Belichtung ein

Die Nikon 1 Kameras regeln beim Videofilmen standardmäßig die Belichtung automatisch. Dies bedeutet, dass die

DIE VIDEOFUNKTIONEN

Verschlusszeit, die Blende und die ISO-Empfindlichkeit stets von der Kamera selbstständig eingestellt werden, ohne dass Sie darauf Einfluss nehmen können. Es gibt aber auch bei Video die Option, über die Plus-/Minus-Taste eine Belichtungskorrektur einzugeben, um das Videobild nach Wunsch aufzuhellen oder abzudunkeln.

Zudem, und das ist auch eine wichtige und hilfreiche Option, wie ich finde, können Sie über die AE-L/AF-L-Taste die anfangs gemessene Belichtung bei Bedarf festhalten. Genau wie beim Fotografieren wird die J1 oder V1 die Belichtung so lange nicht anpassen, wie Sie den Finger auf der entsprechenden Taste des Multifunktionswählers halten. Lassen Sie sie los, regelt die Kamera sofort wieder nach.

Eine Ausnahme von der automatischen Belichtung bildet der manuelle Modus (M), bei dem Sie Zeit und Blende auch beim Videodreh fest vorgeben können. Das müssen Sie in diesem Modus allerdings auch tun! Jetzt regelt die Kamera nicht mehr je nach Lichtverhältnissen nach, sondern bleibt auf der von Ihnen getroffenen Voreinstellung. Aber Achtung: Das funktioniert nur dann wie gewünscht, wenn Sie die ISO-Automatik nicht aktiviert haben! Ansonsten werden Sie sich vielleicht wundern (so ging es mir jedenfalls), warum Ihre Nikon 1 auch im manuellen Modus nachregelt.

Von meinen gesammelten Erfahrungen zum Videofilmen mit Nikon 1 möchte ich Ihnen zwei generelle Varianten ans Herz legen: Wenn Sie einfach nur unbeschwert filmen möchten, dann lassen Sie die Kamera einfach machen. Nutzen Sie die unterschiedlichen Automatiken, denn sie machen den Videodreh angenehm einfach, und sorgen zugleich für sehr ansehnliche Ergebnisse.

Möchten Sie jedoch „richtig" filmen, dann wählen Sie den manuellen Modus, und schalten Sie dabei unbedingt die ISO-Automatik ab. So – und nur so – haben Sie die volle Kontrolle über alle Aufnahmeparameter, ohne dass die Kamera es (zu) gut mit Ihnen meint.

DIE VIDEOFUNKTIONEN

Möchten Sie einfach nur filmen, ohne sich großartige Gedanken machen zu müssen (wie im Beispiel oben), dann sind die Automatiken der Kameras bestimmt die richtige Wahl, denn sie liefern gute Ergebnisse. Für Videos mit dem besonderen Look (unten) aber gilt: Der manuelle Modus ist unumgänglich.

SICHERHEIT

Dauerhafte Sicherheit für Ihre Fotos

Gut, ich gebe es zu: Auch ich finde das Thema Datensicherheit nicht so spannend. Ich kann also durchaus verstehen, wenn es Ihnen genauso geht. Ich habe aber schon oft miterleben müssen, welche Konsequenzen es haben kann, wenn man sich um die Sicherheit seiner Fotos keine Sorgen macht – ich habe gestandene Kerle weinen sehen, weil die kompletten Fotos eines ganzen Urlaubs durch einen menschlichen Fehler im Datenhimmel gelandet sind. Und genau das möchte ich Ihnen gerne ersparen.

Ich verspreche: Ich mache es so kurzweilig wie möglich und nur so technisch wie nötig. Datensicherung ist nur halb so schlimm wie Sie denken, aber sie kann Ihnen eine Menge Ärger und viel Arbeit ersparen. Folgen Sie einfach meiner bewährten Schritt-für-Schritt-Sicherheits-Strategie.

Schritt 1: Nach dem Fotografieren

Sie kommen von der Fotopirsch oder der Urlaubsreise zurück; alle Fotos befinden sich noch auf der/den Speicherkarte(n). Bevor Sie nun irgend etwas mit den Fotos tun, müssen Sie Ihre Daten sichern! Damit meine ich: Überspielen Sie den Inhalt der Speicherkarte(n) auf ein geeignetes Medium, beispielsweise eine Festplatte. Das der J1 und V1 beiliegende, kostenlose View NX 2 erledigt dies sehr komfortabel.

Während die Fotos auf die Festplatte überspielt werden, erledigt ViewNX auf Wunsch nebenbei auch ein vollautomatisches Backup.

Mein Rat: Belassen Sie es nicht bei dieser einen Kopie, sondern überspielen Sie die Daten auch an einen zweiten Ort. Was sich kompliziert anhört, geht in der Praxis ganz einfach: Kaufen Sie sich zwei USB-Festplatten gleicher Größe; die sind heutzutage nicht mehr teuer. Beim Überspielen stellen Sie View NX 2 so ein, dass neben dem eigentlichen Überspielvorgang auch gleich noch ein identisches Backup auf die zweite Festplatte mit vorgenommen wird. Wie die Einstellungen dazu genau aussehen sollten, erfahren Sie detailliert weiter hinten im Buch im Kapitel „Software".

SICHERHEIT

Wenn Sie sich zwei identische Festplatten besorgen, und die Daten darauf stets exakt gleich halten, haben Sie die Sicherheit Ihrer wertvollen Fotos deutlich erhöht.

Warum dieses „doppelte Lottchen"? Ganz einfach: Jede Festplatte geht einmal kaputt. Die Frage ist nicht ob, sondern wann! Jetzt stellen Sie sich vor, Sie haben all Ihre Fotos auf einer einzigen USB-Platte abgelegt. Und dann gibt diese Platte den Geist auf... den Rest können Sie sich selbst ausmalen. Deshalb mein Vorschlag des Rettungsankers in Form einer zweiten Festplatte; kostet nicht viel und macht (zum Beispiel mit View NX 2) keine große Mühe.

Nur um es nochmals ganz klar zu verdeutlichen: Die Daten, die Sie bis hierhin identisch auf zwei Festplatten abgelegt haben, sind Ihre digitalen „Negative", und sonst nichts! Das sind nicht die Daten, mit denen Sie in irgend einer Form arbeiten, sondern sie sind einzig und allein Ihre Versicherung, falls es bei der späteren Katalogisierung und Nachbearbeitung mal zu einem Malheur kommen sollte. Deshalb: Do not touch. Never ever!

Schritt 2: Nach dem Backup

Nachdem Schritt eins erledigt ist, überspielen Sie die Fotos nochmals auf Ihre Arbeitsfestplatte – in der Regel die eingebaute Platte ihres Computers. Anschließend sollten Sie auch gleich die Speicherkarte(n) formatieren, damit sie frisch und mit voller Kapazität auf ihren Einsatz bei Ihrem nächsten Foto-Vorhaben warten können.

Die gerade überspielten Fotos (und nur diese!) können Sie nach Herzenslust katalogisieren, löschen, umbenennen, bearbeiten – was auch immer Sie tun möchten. Geht dabei mal etwas schief, ist das nicht so schlimm, denn Sie haben ja für genau solche Fälle ein Backup, auf das Sie zurückgreifen können. Falls Sie eine Best-of-Auswahl getroffen und/oder die Fotos liebevoll nachbearbeitet haben, dann ist es meiner Meinung nach sicher kein Fehler, auch diesen Bearbeitungsstand separat zu sichern. Legen Sie sich dazu ein spezielles Verzeichnis auf Ihren Backup-Festplatten an, und überspielen Sie Ihre Hitparade dort hin. Auch hier sollten Sie die Doppelstrategie fahren und zweimal sichern.

SICHERHEIT

Noch mehr Sicherheit

Haben Sie eine Lebensversicherung? Hausrat, Auto, Haftpflicht und so weiter? Gut, dann sind Sie also der Typ, der gerne das beruhigende Gefühl genießt, im Falle des Falles zumindest eine Absicherung im Rücken zu haben. Genau der Typ bin ich auch. Deshalb gehe ich noch einen Schritt weiter. Das Stichwort lautet NAS, „Network Attached Storage", Netzwerkfestplatte.

Eine NAS für den Heimgebrauch gibt es schon für relativ wenig Geld. Sie sorgt für eine hohe Sicherheit. Aber nur, wenn Sie auch entsprechend konfiguriert worden ist.

Das ist einerseits sehr bequem, weil die Daten damit im gesamten Heimnetzwerk zur Verfügung stehen. Was mir aber viel wichtiger ist: Eine NAS mit zwei Festplatteneinschüben können Sie sehr leicht so einrichten, dass die Daten gespiegelt abgelegt werden. Das bedeutet: Der Inhalt jeder der beiden Platten ist stets absolut identisch; die Daten sind immer doppelt vorhanden.

Der Vorteil gegenüber der Lösung mit zwei USB-Platten: Sie brauchen sich um gar nichts zu kümmern, weil durch einen einfachen Überspielvorgang die Daten gleich doppelt angelegt werden. Sie können also auch nicht vergessen, das Backup anzulegen oder dabei etwas falsch machen. Geht eine der Platten tatsächlich mal kaputt, können Sie sie im laufenden Betrieb durch eine neue ersetzen, die Daten werden dabei automatisch wieder gespiegelt. Sehr komfortabel, relativ sicher, sehr beruhigend. Moment mal: Relativ sicher?

Sicherererer

Ich will Ihnen jetzt wirklich keine Angst machen oder gar Panik verursachen. Doch ein altbekannter Spruch von IT-Sicherheitsleuten lautet (sinngemäß), dass Daten, die nicht mindestens dreifach vorhanden sind, und dabei nicht auch an wenigstens zwei unterschiedlichen Standorten lagern, praktisch nicht existieren (weil sie so gefährdet sind).

Nun, so weit wie von den IT-Spezialisten dargestellt, will ich für die Aufbewahrung privater Fotos nicht gehen. Sollten Sie jedoch über viele Fotos verfügen, und sollte Ihnen

SICHERHEIT

die Sicherheit Ihrer Bilder etwas bedeuten, oder sollten Sie gar in irgendeiner Weise Ihre Bilder (auch) beruflich nutzen, dann rate ich Ihnen ebenfalls zu einer NAS – aber zu einer deutlich größeren und leistungsfähigeren Version.

Ein Modell mit vier Festplatteneinschüben wie hier abgebildet dient in unserem Fall nicht (nur) dazu, die verfügbare Speicherkapazität für die Fotos deutlich zu erhöhen, sondern schafft insbesondere auch nochmals ein deutliches Mehr an Sicherheit gegenüber einer einfacheren NAS.

Die Sicherheit wird dadurch gesteigert, dass bei einer NAS mit vier Festplatten gleich zwei auf einmal ausfallen dürfen, ohne dass die Daten gefährdet sind (immer vorausgesetzt, die NAS ist entsprechend konfiguriert). Dass zwei Platten auf einmal ausfallen, ist unwahrscheinlich? Keineswegs, die Erfahrung zeigt, dass das häufiger passiert, als man denken mag. Wenn Ihnen Ihre Fotos wirklich wertvoll sind – und ich setze das einfach mal als gegeben voraus – dann ist das eine absolut sinnvolle Investition.

Dieses leistungsfähige NAS-Modell mit vier Einschüben kostet inklusive der Festplatten nicht mehr als ein Objektiv. Eine Investition, über die man nachdenken sollte.

Als letztes Argument um Sie zur Anschaffung einer NAS zu bewegen mein persönliches Beispiel: Ich besitze das oben abgebildete Modell eines namhaften Herstellers. Die vier eingebauten Platten haben zusammen eine nutzbare Kapazität von sechs Terabyte. Das reicht einerseits noch eine ganze Weile locker für meine Fotos und meine Videos aus – aber auch all meine wichtigen Verträge, Rechnungen, Quittungen und so weiter sind hier sicher abgelegt. Ich habe diese (überschaubare!) Investition bislang nie bereut.

Empfehlenswertes Zubehör

Zu meiner Nikon 1 Fotoausrüstung gehören über die Kamera und die Objektive hinaus einige Bestandteile, auf die ich keinesfalls verzichten möchte, weil sie das Fotografieren in der Praxis angenehmer und komfortabler machen. Natürlich ist die hier vorgestellte Auswahl recht subjektiv, denn sie ist auf meine Bedürfnisse zugeschnitten. Genau dies sollten Sie aber auch tun: Kaufen Sie nur das, was Sie auch wirklich verwenden werden. Denn das tollste Zubehör ist nichts wert, wenn es in der Schublade verstaubt. Sehen Sie sich meine Empfehlungen einfach mal an – vielleicht sind ja einige Anregungen für Sie dabei.

Crumpler Cupcake Half Rucksack ca. 80 EUR

Dieser Rucksack gehört eher zu der kleineren Sorte, und passt deshalb bestens zur zierlichen Größe der Nikon 1 Ausrüstung. Seine Verarbeitung ist tadellos; er wirkt sehr robust. Das Fotoequipment wird im unteren Teil des Rucksacks verstaut, der sich bequem herausklappen lässt. In der oberen Abteilung ist erstaunlich viel Platz für ein kleines Notebook, das Handy, die Geldbörse und viele weitere persönliche Dinge. Sein vergleichsweise zierliches Volumen macht ihn auf Flugreisen problemlos als Handgepäck tauglich.

Nikon ML-L3 Fernauslöser; ca. 25 EUR

Klein, handlich, und er macht das, was er soll: Die J1 oder V1 drahtlos fernauslösen. Für jede Art von Fotos, bei denen ein erschütterungsfreies Auslösen wichtig ist, ist der Fernauslöser ein großartiger und unverzichtbarer Helfer.

Carl Zeiss Lens Cleaning Set; ca. 20 EUR

Ein Mikrofasertuch, feuchte Reinigungstücher, ein weicher Pinsel sowie ein Fläschchen mit Reinigungsflüssigkeit befinden sich in diesem Set; sogar ein Transporttäschchen ist inklusive. Es ist absolut nützlich um unterwegs das Objektiv oder die Kamera schnell von Schmutz zu befreien.

ZUBEHÖR

B+W Käsemann Zirkularer Polfilter; ca. 65 EUR

Für Landschafts- und Naturaufnahmen ist ein Polfilter für mich unverzichtbar. Der Preis hängt stark von der Qualität des Filters ab. Ich rate zu einem hochwertigen Markenprodukt, auch wenn es teurer ist: Wenn Sie ein billiges Filter vor Ihr Objektiv schrauben, wird die Qualität Ihrer Fotos stark darunter leiden. Tipp: Das Pancake, das 10-30 mm und das 30-110 mm Objektiv haben gleich große Filtergewinde (40,5 mm), sodass Sie nur einen Polfilter benötigen.

Sony GPS CS3KA GPS-Empfänger; ca. 100 EUR

Von Nikon gibt es einen eigenen GPS-Empfänger, den GP-N 100 für rund 150 Euro. Er wird auf den Kontaktschuh gesteckt – fertig! Das ist natürlich sehr komfortabel, hat aber zwei Nachteile: J1-Besitzer bleiben außen vor, und V1-Fotografen müssen mit der Einschränkung leben, dass sie entweder den Blitz oder das GPS-Modul verwenden können, weil beides gleichzeitig nicht geht. Ich empfehle daher diesen kleinen Begleiter von Sony, Er arbeitet autark, lässt sich auch mit der J1 (und jeder anderen Kamera) verwenden, und verrichtet zuverlässig seine Arbeit.

Nikon ME-1 Mikrofon; ca.120 EUR
Rode VideoMic Pro; ca. 130 EUR

Wenn Sie die V1 auch öfter mal als Filmkamera benutzen möchten, dann kommen Sie um ein externes Mikrofon nicht herum; J1 Besitzer haben diese Aufwert-Option aber leider nicht. Von Nikon und von Rode gibt es zwei gleichermaßen empfehlenswerte Mikrofone, die speziell auf das Filmen mit DSLRs (und auch mit der Nikon V1) ausgerichtet sind. Leider stehen dazu aber Bastelarbeiten für eine geeignete Halterung an, denn sie lassen sich nicht auf den speziellen Zubehörschuh der V1 aufstecken.

Graukarte; ab ca. 10 EUR

Eine Graukarte leistet wertvolle Hilfe, wenn Sie in schwierigen (Mischlicht-) Situationen den Weißabgleich zuverlässig bestimmen wollen. Eine kleine Ausführung der Karte, die sich problemlos in die Fototasche stecken lässt, reicht für die meisten Zwecke völlig aus.

ZUBEHÖR

Stativ mit (Video-) Stativkopf; ab ca. 100 EUR

Wie ich ihnen an diversen Stellen im Buch beschrieben habe, ist der Einsatz eines Stativs in einigen Situationen unumgänglich. Jedoch kommen Sie preislich recht glimpflich davon: Da die J1 und die V1 auch mit angesetztem Objektiv deutlich leichter sind als eine DSLR mit Objektiv, muss es kein Stativ mit sehr hoher Tragfähigkeit sein. Beim Stativkopf sollten Sie jedoch vor dem Kauf genau nachdenken: Wenn Sie Ihre Nikon 1 öfters auch zum Videodreh benutzen möchten, dann sollten Sie sich für einen Videostativkopf entscheiden. Dieser ist darauf ausgelegt auch Schwenkfahrten zu ermöglichen, was ein normaler Fotostativkopf in den meisten Fällen nicht kann.

Nikon SB-N5 Blitz; ca. 150 EUR

J1-Besitzer wissen es bereits: Da Ihre Kamera über einen eingebauten Blitz verfügt, können Sie den externen SB-N5 leider nicht einsetzen. Für V1-Fotografen ist er jedoch ein essentielles Zubehörteil, das unbedingt in die Fototasche gehört. Der kleine Lichtspender ist für seine filigranen Abmessungen recht leistungsstark, und kann dank seines dreh- und schwenkbaren Kopfes genauso flexibel wie ein „richtiger" DSLR-Systemblitz eingesetzt werden.

Nikon Bajonettadapter FT1; ca. 270 EUR

Ein offenes Statement vorab: Währen des Zeitraums, in dem dieses Buch entstanden ist, konnte Nikon mir leider noch keinen funktionsfähigen Bajonettadapter zur Verfü-

gung stellen. Daher kann ich ihn nicht aus eigener Erfahrung heraus, sondern nur prinzipiell empfehlen: Für alle Fotografen, die über eine Nikon DSLR und die entsprechenden Objektive verfügen, ist er bestimmt eine interessante Option. Ich persönlich denke auf jeden Fall über einen Kauf nach, sobald er erhältlich ist. Andererseits stehen saftige 270 Euro im Raum – eine Entscheidung, die jeder wohl nur für sich alleine treffen kann.

SOFTWARE

Nikons Softwarepaket

Zur J1 und V1 legt Nikon auch eine Software in den Karton, die sich „ViewNX 2" nennt. Damit können Sie eine ganze Menge machen, ohne zusätzlich Geld für eine Bildbearbeitung oder andere Programme ausgeben zu müssen. Ich möchte Ihnen zeigen, was die Software alles leisten kann.

Der Datentransfer

Zum Überspielen der Dateien auf Ihren Computer haben Sie zwei Möglichkeiten: Entweder Sie schließen die Kamera direkt per USB an, oder Sie stecken die Speicherkarte in ein Lesegerät, was ich für praktischer halte. In beiden Fällen erkennt die Software die Fotos der J1 oder V1 sofort.

Dabei können Sie die zu importierenden Fotos (standardmäßig sind alle ausgewählt) anklicken, und den gewünschten Speicherort, in der Regel also den Bilderordner auf ihrer Festplatte, bestimmen.

Extrem hilfreich finde ich die Option, die sich unter „Sicherungsziel" verbirgt: Sie können ViewNX 2 damit anweisen, die Fotos nicht nur in einen Ordner, sondern simultan auch auf einen zweiten Speicherort, zum Beispiel eine externe Festplatte, zu überspielen. Damit haben Sie die Fotos nicht nur in einem Rutsch auf den Computer transferiert, sondern gleichzeitig auch ein Backup angelegt. Diese Option nutze ich immer, wenn ich Fotos überspiele, denn eine Sicherungskopie ist für mich ein absolutes Muss.

SOFTWARE

Ebenfalls sehr nützlich sind die Voreinstellungen, die man in der Regel nur einmal festzulegen braucht, um künftig alle Fotos nach demselben Schema zu überspielen. Hier lässt sich zum Beispiel definieren, dass nur Fotos übertragen werden, die nicht vorher schon einmal transferiert worden sind, oder ob die Daten nach dem Kopiervorgang automatisch von der Speicherkarte gelöscht werden sollen (oder nicht). Nett finde ich die Option, beim Überspielvorgang automatisch das Datum und die Uhrzeit der Kameras stellen zu lassen, wozu diese allerdings direkt an den Computer angeschlossen sein müssen.

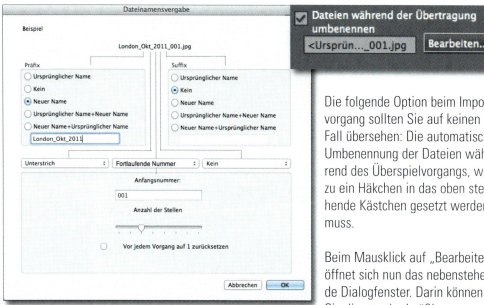

Die folgende Option beim Importvorgang sollten Sie auf keinen Fall übersehen: Die automatische Umbenennung der Dateien während des Überspielvorgangs, wozu ein Häkchen in das oben stehende Kästchen gesetzt werden muss.

Beim Mausklick auf „Bearbeiten" öffnet sich nun das nebenstehende Dialogfenster. Darin können Sie die standardmäßig etwas kryptischen Dateinamen wie „DSC_1234.JPG" durch sinnvollere Bezeichnungen ersetzen oder um solche ergänzen. In meinem Beispiel heissen die Dateien nach der Übertragung auf die Festplatte „London_Okt_2011_1234.jpg"; es sind aber noch viele weitere Möglichkeiten der Neubenennung vorhanden. Ich finde die Umbenennungs-Option für die Katalogisierung der eigenen Fotosammlung superpraktisch.

Der Foto-Browser

Sind alle Fotos überspielt, steht deren Sichtung an. Dazu gibt es bei ViewNX 2 das entsprechende Browser-Modul, das die importierten Fotos sehr übersichtlich anzeigt.

Am linken Rand befindet sich die Ordnerleiste, rechts werden die Fotos als Miniaturansichten dargestellt. So lassen sich die Fotos bequem und schnell anschauen.

Die Bildbearbeitung

Mit einem Mausklick auf „Bearbeitung" wechseln Sie zum entsprechenden Modul. Die Ansicht wechselt: In der Mitte wird das ausgewählte Foto groß dargestellt; am unteren

Rand liegt ein Filmstreifen mit den weiteren Fotos. Rechts befindet sich eine Auswahlbox mit vielen Reglern, die eine breite Auswahl an Bearbeitungsmöglichkeiten zur Verfügung stellt. Die Optionen ändern sich, je nachdem, ob es sich um eine JPEG- oder RAW-Datei handelt entsprechend.

Danach können Sie, falls erforderlich und gewünscht, die Fotos mit dem Konvertierungs-Modul in das entsprechende Dateiformat umwandeln; zum Beispiel RAW in JPEG. Hierbei stehen diverse Optionen, wie etwa eine Änderung der Bildgröße, eine Feineinstellung für die Qualität sowie das Entfernen von Exif-Daten zur Verfügung. Einen frei definierbaren Speicherort für die Dateien können Sie natürlich auch festlegen.

An dieser Stelle haben Sie erneut die Chance, den Dateinamen der Fotos zu ändern, falls Sie dies nicht schon beim Import erledigt haben, wozu Ihnen das Programm abermals sehr viele Optionen zur Auswahl anbietet.

Das GPS-Modul

Für alle Freunde der GPS-basierten Aufzeichnung von geografischen Koordinaten hält ViewNX 2 mit dem GPS-Modul noch ein ganz besonderes Schmankerl bereit.

Wenn Ihre Fotos GPS-Daten enthalten, so zeigt ViewNX 2 diese nebst allen Informationen sehr schön auf einer Google Maps-Karte an, sofern Ihr Computer mit dem Internet verbunden ist.

Wenn Sie die GPS-Daten mit einem externen Logger wie dem von Sony aufgezeichnet haben, hilft Ihnen das Programm weiter: Mittels des Log Matching-Moduls können Sie die Daten in die entsprechenden Fotos schreiben lassen, ohne auf eine andere Software zurückgreifen zu müssen.

SOFTWARE

Ein Tipp für alle, die (wie ich) zwei Monitore am Computer angeschlossen haben: ViewNX 2 beherrscht auch die Ansteuerung zweier Bildschirme. Dazu muss im Menüpunkt „Darstellung" nur die Option „Vollbild auf sekundärem Monitor" aktiviert werden, und schon wird Ihnen die Index- und die Vollbildanzeige gleichzeitig angezeigt.

Der Short Movie Creator

Da die J1 und die V1 nicht nur fotografieren, sondern auch hervorragend filmen können, hat Nikon die Kameras natürlich auch mit einer Software für den Filmschnitt ausgestattet. Deren Name „Short Movie Creator" deutet schon an, was sie kann und was nicht: Es handelt sich hierbei nicht um eine Videoschnittsoftware im herkömmlichen Sinne, die Filmclips mit Übergängen, Titeln und Effekten versieht – all dies kann der SMC nicht. Jedenfalls nicht händisch durch den Benutzer, denn diese Software arbeitet weitestgehend vollautomatisch. Sie importieren die benötigten Clips, und können diese durch Verschieben auf der oberen Vorschauleiste in die gewünschte Reihenfolge bringen. Danach lässt sich auf Wunsch eigene Hintergrundmusik importieren, wobei Sie höchstwahrscheinlich bald auf eine Merkwürdigkeit stoßen werden: Musikdateien im weitverbreiteten MP3-Format

werden vom SMC nicht unterstützt! Das bedeutet: Sie müssen einen MP3-Song zuerst mit einem geeigneten Programm (wie z.B. iTunes) ins AAC-Format umwandeln; dann lässt sich die Musik problemlos in den Clip importieren.

Nun können Sie noch einen Filmstil auswählen. Auch hier gibt's eine kleine Merkwürdigkeit: In der linken Leiste, in der man die Filmstile normalerweise auswählt, wurden mir stets nur zwei unterschiedliche Versionen zur Auswahl angeboten. Klicken Sie jedoch am oberen Rand des Programms auf „Clip > Stile", dann bekommen Sie zwei weitere Varianten angezeigt, aus denen Sie zusätzlich auswählen können.

Weitere Möglichkeiten zur Gestaltung haben Sie nicht; den Rest macht die Software nach einem Klick auf „Film erstellen" automatisch. Die einzelnen Clips werden zunächst analysiert, und dann gemäß dem gewählten Bildstil zu einem Gesamtclip verarbeitet. Auf einem gut ausgestatteten Rechner geht das bei 720er Filmen recht flott; bei Full HD (1080) dauert es meistens spürbar länger.

Wenn Sie möchten, können Sie vor der Erstellung des Films auch dessen Größe und Bildwiederholrate anpassen. Dann dauert die Verarbeitung zum Teil aber richtig lange; auch auf einem aktuellen Computer sollten Sie überlegen, das Rendern des Films über Nacht erledigen zu lassen.

Was an fertigen Clips dabei herauskommt, ist zweifellos sehr nett und ansprechend gemacht. Die Überblendungen sind kreativ und qualitativ hochwertig; Musik wird gut integriert. Damit wird erneut der Anspruch des Programms unterstrichen: Es will (und kann) schnell und unkompliziert kurze Filmchen erstellen, über die man sich im Kreis der Familie und der Freunde freuen kann (und wird) – mehr nicht.

Möchten Sie jedoch „richtig" filmen und benötigen deshalb auch echten Filmschnitt mit vielen manuellen Eingriffsmöglichkeiten, so kommen Sie mit dem SMC nicht allzu weit. In diesem Fall bleibt Ihnen nichts anderes übrig, als in eine echte Schnittsoftware zu investieren, um auch anspruchsvollere Filmprojekte realisieren zu können.

Die bezahlbare Alternative

ViewNX 2 kann so einiges, aber es gibt Programme von Bildbearbeitungsspezialisten, die können mehr. Ich verzichte an dieser Stelle jedoch auf Profi-Programme vom Schlag eines Adobe Photoshop & Co., denn diese halte ich für Amateurzwecke für viel zu kompliziert und auch für viel zu teuer. Und so möchte ich Ihnen als Alternative Nummer Eins den kleinen Bruder von Photoshop vorstellen.

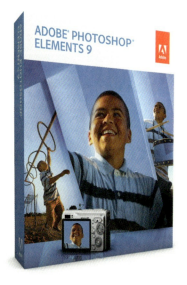

Adobe Photoshop Elements (ca. 60 EUR)

Für einen absolut bezahlbaren Preis bekommen Sie vom Bildbearbeitungsspezialisten Adobe ein Programm, das es in sich hat. Sein Namenszusatz „Elements" weist nicht etwa darauf hin, dass nur die notwendigsten Bestandteile enthalten sind, im Gegenteil: Mit PSE bekommen Sie ein mächtiges Werkzeug in die Hand, mit dem Sie alles, aber auch wirklich alles, rund um Ihre Fotos tun können.

Dabei wurde im Vergleich zum Profi-Programm Adobe Photoshop (ohne „Elements") tatsächlich eine ganze Menge weggelassen. Jedoch nur solche Programmbestandteile, die ein Amateur in aller Regel nicht benötigt, die aber die Beherrschung des Programms sehr viel schwerer machen, und die Anfälligkeit für eine Fehlbedienung stark erhöhen.

Der Startbildschirm

Das Programm startet mit der Frage, wie Sie denn loslegen möchten. Richten wir unser Augenmerk zunächst auf die beiden rechten Optionen: Wenn Sie noch nie mit Photoshop Elements gearbeitet haben, dann sollten Sie auf den rechten oberen Button klicken. Das Programm nimmt Sie an die Hand und führt Sie Schritt für Schritt, von der Organisation Ihrer Fotos bis hin zur Bearbeitung, durch alle Optionen. Wenn Sie sich die Zeit nehmen, dieser interaktiven Tour zu folgen, lernen Sie das Programm nach und nach sehr gut kennen, und – noch wichtiger: Sie verstehen den Aufbau und die Bedienlogik von PSE sowie das Zusammenspiel der einzelnen Programmteile; Sie bekommen ein Gefühl für die Bedienlogik des Programms vermittelt.

SOFTWARE

Der untere Button auf der rechten Seite führt zu einer ähnlichen Tour, die mehr auf Umsteiger von früheren Versionen zielt, sodass wir hier nicht näher darauf eingehen müssen.

Der Bild-Organizer

PSE teilt sich in zwei getrennt laufende Module: Den Organizer sowie den Bildbearbeitungs-Teil. Mit dem Organizer führen Sie alle Aktionen rund um das Importieren, Katalogi-

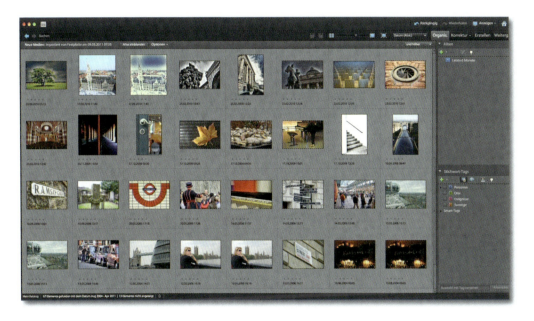

sieren und Organisieren Ihrer Fotos durch. Der Organizer ist also die Zentrale für Ihre Fotos. Das Programm bietet Ihnen dabei unzählige Möglichkeiten, die Fotos zu taggen (mit Schlagworten zu versehen), zu bewerten, zu sortieren und viele weitere Optionen mehr. Alle Feinheiten aufzuzählen, würde den Rahmen dieses Buches sprengen; nicht umsonst gibt es auch für PSE ganze Fachbücher.

Wenn Sie es ganz eilig haben, führt ein Doppelklick auf ein Foto im Organizer-Fenster zu dem nebenstehenden Auswahldialog. Damit können Sie direkt aus dem Organizer heraus schnell etwas mit dem Foto „anstellen", wie beispielsweise eine Drehung um 90 Grad, ohne erst zur eigentlichen Bildbearbeitung wechseln zu müssen.

SOFTWARE

Hier eine Auswahl aus den sehr vielen Optionen, die das Bildbearbeitungsmodul von Photoshop Elements Ihnen zur Verfügung stellt.

Das Bearbeitungsprogramm

Zur Bearbeitung Ihrer Fotos stellt Ihnen PSE drei Wege zur Verfügung. Eine dieser Möglichkeiten ist die vollständige Bearbeitung. Hierzu bietet Ihnen das Programm jede Menge Werkzeuge um alle erdenklichen Korrekturen oder Manipulationen am Foto durchzuführen.

Am linken Rand des Programmfensters befindet sich dazu eine Leiste mit Symbolen für die unterschiedlichen Funktionen. Beim Aufruf einer Funktion stellt das Programm am oberen Fensterrand zusätzliche Optionen bereit, die auf diese ausgewählte Funktion anwendbar sind.

Diese Art der Bearbeitung eignet sich insbesondere dann für Sie, wenn Sie schon einige Erfahrungen in der Bildbearbeitung sammeln konnten und genau wissen was Sie tun. Denn auch wenn Photoshop Elements nur eine „abgespeckte" Version des großen Photoshop ist, sind die Möglichkeiten immer noch enorm vielfältig.

SOFTWARE

Die zweite Option besteht darin, die Bildbearbeitung mittels des Assistenten durchzuführen, der Ihnen Schritt für Schritt dabei hilft, Ihr Foto zu verbessern oder in der gewünschten Art zu manipulieren.

Der Assistent ist dazu in sinnvolle Kategorien unterteilt, sodass Sie die benötigte Funktion schnell finden werden. Möchten Sie beispielsweise grundlegende Bearbeitungen wie eine Drehung oder Begradigung durchführen, so ist der entsprechende Assistent auch unter der gleichnamigen Rubrik in der Seitenleiste zu finden.

Gleiches gilt natürlich auch für eine Optimierung der Belichtung, eine Farbkorrektur und viele weitere Arbeitsschritte: Alle passenden Rubriken mit ihren zugehörigen Unterpunkten stehen dazu zur Verfügung.

Sie können mit dem Assistenten alle Optionen, die PSE anbietet, durchführen, wozu auch ausgefeiltere oder komplexere Aktionen wie das Anwenden von speziellen Effekten um bestimmte Bildstile zu erreichen, die Ausbesserung von Kratzern oder Staubflecken und viele weitere Optionen mehr gehören – die Möglichkeiten sind vielfältig.

SOFTWARE

Die letzte der dritten Bildbearbeitungsmöglichkeiten besteht in der Schnellbearbeitung. Der Name drückt es bereits aus: Diese ist dazu gedacht, kurz mal etwas zu verbessern oder zu verändern, und verzichtet dazu bewusst auf die Anzeige der ganzen Feintuning-Möglichkeiten.

Stattdessen zeigt Ihnen das Fenster am rechten Bildrand eine Bearbeitungsleiste, die nur aus einigen (vergleichsweise wenigen) Schiebereglern besteht. Das kommt der Schnelligkeit natürlich zugute, denn zu viele Regler würden die Bedienung langsamer statt schneller machen.

Dennoch dürfen Sie nicht glauben, dass Elements 9 hier nun mit der groben Kettensäge an Ihr Foto heran geht: Auch in der Schnellbearbeitung lassen sich die gewünschten Funktionen mit den Schiebereglern recht fein dosieren, zumal deren Wirkung sofort „live" am Foto sichtbar wird.

Ich persönlich nehme die Schnellbearbeitung sehr gerne immer dann her, wenn ein Foto bis auf ein paar Kleinigkeiten fast perfekt ist, ihm also zum Beispiel ein Tick mehr Schärfe oder eine kleine Anhebung der Kontraste den letzten entscheidenden Kick verleihen.

SOFTWARE

Erstellen und Weitergeben

Neben Organisation und Bearbeitung hat das Programm noch mehr zu bieten. Unter der Funktion „Erstellen" können Sie Bildbände zusammenstellen, Fotoabzüge bestellen, Kalender, Grußkarten und Collagen anfertigen, DVDs und CDs mit passenden Hüllen erstellen und einiges mehr, um Ihre Fotos wunschgemäß zu präsentieren.

Die Option „Weitergeben" hingegen lässt Sie Online-Galerien erstellen, Ihre Fotos zu Facebook, Flickr oder Kodak hochladen, als E-Mail versenden oder – ganz zeitgemäß – für die Anzeige auf Smartphones passend aufbereiten. Mit den beiden auf dieser Seite vorgestellten Programm-

Modulen wird Photoshop Elements komplett: Von der Überspielung Ihrer Fotos über die Katalogisierung und die Bearbeitung bis hin zur Präsentation ist PSE für alles gerüstet – ganz schön viel Software für relativ wenig Geld.

Adobe Camera RAW (in PSE enthalten)

Für alle RAW-Fotografen ist Photoshop Elements ein sehr interessantes Programm. Denn neben den breiten Möglichkeiten der Software, die ich Ihnen auf den vorherigen Seiten bereits vorgestellt habe, besitzt Photoshop Elements auch einen mächtigen RAW-Konverter. Das beste daran: Er ist kostenlos im Paket enthalten.

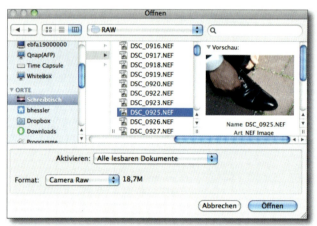

Wenn Sie mit PSE eine RAW-Datei öffnen wollen, erscheint automatisch dieses Dialogfenster. Es sieht so aus, als ob es sich um einen Teil von Elements handelt; stimmt aber nicht: Adobe Camera RAW ist ein eigenständiges Programm. Es integriert sich in jede kompatible Adobe-Software, sodass Sie als PSE-Benutzer exakt dieselben Funktionen erhalten wie der Besitzer des „großen" Photoshop.

Nachdem Sie die zu öffnende Datei ausgewählt haben, geht die Ansicht zu diesem Fenster über. Neben dem Histogramm in der rechten oberen Bildecke fallen sofort die vielen Regler ins Auge, die darunter am rechten Bildrand zu sehen sind.

Hier können Sie eine Vielzahl an Parametern direkt auf die RAW-Datei anwenden. Dazu gehören die Regler für die Farbtemperatur und den Farbton genauso wie Anpassungsmöglichkeiten für die Helligkeit und den Kontrast; für Klarheit, Dynamik und Sättigung. Auch die Wiederherstellung von ausgefressenen Lichtern oder die Anhebung zu dunkler Schattenpartien können Sie hier ausgesprochen bequem per Regler vornehmen.

SOFTWARE

Es geht auch einfacher: Wenn Sie mögen, erledigt der RAW-Konverter die Anpassungen selbständig; klicken Sie hierzu auf „Automatisch". Dabei kann durchaus ein verbessertes Bild entstehen; besser weil genauer ist es aber, die einzelnen Regler selbst zu betätigen.

Ein Mausklick auf das kleine Kamerasymbol führt Sie zur Option „Kameraprofile", und sie ist äußerst hilfreich. Denn RAW-Datei ist nicht gleich RAW-Datei: Sie unterscheidet sich von Hersteller zu Hersteller und von Modell zu Modell. Adobe aktualisiert seine Datenbank ständig, sodass auch je ein Modul für die J1 und V1 höchstwahrscheinlich in sehr naher Zukunft verfügbar sein dürfte.

Was aber bringt das Kameraprofil? Es bereitet die RAW-Datei so auf, wie es auch die Kamera individuell für jedes Foto machen würde. Haben Sie beispielsweise mit dem Porträt-Programm fotografiert, so verarbeitet die Kamera die Farben und die Bildschärfe anders, als sie es beim Landschaftsprogramm tun würde. Dem tragen Sie mit der Auswahl des passenden Kameraprofils Rechnung.

Wählen Sie kein Profil aus, so nimmt der RAW-Konverter ein Standardprofil her, das alle Fotos gleich behandelt. Das ist zwar generell ganz in Ordnung, lässt aber, wie gesagt, die Feinanpassungen vermissen, auf die es ja meistens ankommt.

Adobe Camera RAW ist ein wirklich guter RAW-Konverter. Wenn Sie ihn verwenden, sollten Sie unbedingt auch das passende Kameraprofil auswählen, sobald es zur Verfügung steht. Tun Sie dies nicht, müssen Sie bei der späteren Bearbeitung zwangsläufig eine Vielzahl an zusätzlichen Arbeitsschritten in Kauf nehmen, um zu einem Ergebnis mit identisch hoher Qualität zu gelangen.

SOFTWARE

Mit den zuvor beschriebenen Funktionen sind die Möglichkeiten von Adobe Camera RAW aber noch nicht erschöpft. Wenn Sie auf das kleine Dreieck neben dem Kamerasymbol klicken, öffnet sich das links abgebildete Dialogfenster. Darin können Sie eine sehr feinfühlige Anpassung der Bildschärfe vornehmen.

Wenn Sie darin noch nicht ganz so erfahren sind, kann dies jedoch etwas tricky sein. Denn die genauen Wirkungsweisen von „Betrag", „Radius", „Detail" und „Maskieren" zu erklären, würde ein eigenes Buch zu diesem Thema füllen. Auf jeden Fall sollten Sie mit diesen Reglern immer sehr vorsichtig zu Werke gehen, denn was auf dem Monitor vielleicht gut aussieht, kann auf dem späteren Ausdruck im schlimmsten Fall sogar furchtbar schlecht sein.

Zur Speicherung der Datei gibt Ihnen der RAW-Konverter eine Vielzahl an Optionen zur Auswahl, wenn Sie es nicht beim Standard-Dateinamen belassen wollen. Auch das Dateiformat, in dem das aufbereitete Foto gespeichert wird, können Sie hier nach Bedarf einstellen.

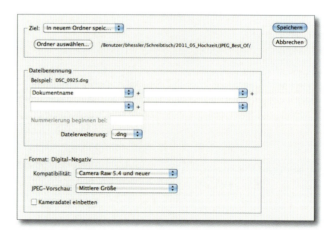

SOFTWARE

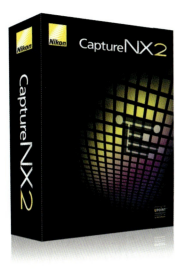

Die anspruchsvolle Alternative

Neben dem kostenlos beigepackten ViewNX 2 gibt Nikon noch eine zweite Software unter eigenem Namen heraus, die sich „CaptureNX" nennt, und aktuell ebenfalls in der Versionsnummer 2 auf dem Markt ist. Auch dieses Programm ist (hauptsächlich) auf den Umgang mit Dateien ausgerichtet, die mit einer Nikon aufgenommen wurden.

Im Gegensatz zu ViewNX müssen Sie hier jedoch in die Tasche greifen: 200 Euro werden für das Programm verlangt. Da stellt sich natürlich die berechtigte Frage, ob und warum Sie soviel Geld ausgeben sollen, denn immerhin gibt es ja mit ViewNX eine kostenlose, und mit Adobe Photoshop Elements eine deutlich günstigere Alternative.

Um die Frage gleich zu beantworten: Kein anderes Programm kann so viel aus den RAW-Daten einer Nikon hervorholen wie CaptureNX 2. Das liegt ganz einfach daran, dass diese Software von Nikon für Nikon entwickelt wurde, und den Programmierern deshalb auch alle „Geheimnisse" des Nikon-RAW-Formats dargelegt waren.

Andere Software wie die von Adobe müssen viele Details „erraten" oder bestmöglich nachahmen, was ihnen allerdings sehr gut gelingt. Das Tüpfelchen auf dem I der Bildqualität zaubert aber nur CaptureNX 2 hervor – für mich ist das auch für die Nikon 1 Kameras eine Tatsache, auch wenn gelegentlich etwas anderes behauptet wird.

Möchten Sie das Optimum aus Ihren RAW-Dateien herausholen, ist Capture NX 2 die erste Wahl bei der Software.

SOFTWARE

Dennoch werden Sie von mir nun keine Lobeshymne auf die Nikon-Software hören, denn sie hat auch Nachteile. Selbst auf einem aktuellen und gut ausgestatteten Rechner (wie meinem eigenen iMac) ist es manchmal eine echte Qual darauf zu warten, dass CaptureNX 2 endlich mit einem Bearbeitungsschritt fertig wird. Die Bedienung ist zudem an einigen Stellen hakelig und nicht immer intuitiv.

Sie merken vielleicht schon jetzt: Ich bin dieser Software gegenüber zwiespältig eingestellt. Einerseits ist es mir noch mit keinem anderen RAW-Konverter gelungen, so viel an Qualität aus meinen Nikon-Dateien (egal, um welche Nikon es sich dabei handelt) herauszuholen. Auf der anderen Seite habe ich während der Benutzung von CaptureNX 2 mein vollständiges Repertoire an Schimpfwörtern schon mehr als einmal am Stück aufgesagt.

Daher fällt es mir auch schwer, Ihnen dieses Programm zu empfehlen oder davon abzuraten, zumal es ja einen gewissen Betrag kostet. Der einzige Rat, den ich Ihnen zu geben vermag: Laden Sie sich auf der Webseite von Nikon die Testversion herunter, die Sie 60 Tage lang uneingeschränkt ausprobieren können. So können Sie sich ihr eigenes Urteil bilden, ob CaptureNX 2 für Sie sein Geld wert ist.

Der Dateibrowser

Dieser Programmteil arbeitet wie die meisten anderen Browser auch. Sie bekommen eine Übersicht über die Dateien des gewählten Ordners angezeigt, wobei Sie die Größe der Vorschaubilder nach Gusto variieren können. Zudem können Sie hier recht bequem eine Vorsortierung vornehmen, wozu Ihnen zwei Möglichkeiten zur Verfügung stehen: Die Vergabe von Sternchen, um für das Bild ein Qualitätsurteil zu vergeben. Die zweite Option besteht in der Klassifizierung eines Fotos mit einer Kombination aus Zahlen und Farben, sodass Sie Ihre Bilder damit zum Beispiel in unterschiedliche Gruppen (etwa Sport, Landschaft, Porträt und so weiter) einteilen können.

SOFTWARE

Der Dateibrowser stellt alle Fotos eines Ordners übersichtlich in Miniaturbildern dar. Die Größe der Minis ist variabel.

Haben Sie sich per Doppelklick für eine Datei entschieden, die Sie bearbeiten möchten, öffnet sich ein neues Fenster, in dem die eigentliche Bearbeitung stattfindet. Das ausgewählte Bild wird nun groß in der Mitte dargestellt; am rechten Bildrand werden diverse Optionen eingeblendet, die zunächst etwas verwirrend wirken können, wenn man

noch nicht mit dem Programm gearbeitet hat (was meine Kritik an der manchmal wenig intuitiven Bedienung des Programms an dieser Stelle unterstreicht).

Die erste Kategorie nennt sich „Entwickeln". Sie haben hier die Möglichkeit, alle erdenklichen Parameter nach Ihren Wünschen einzustellen. Von der Farbtemperatur, die zudem noch genau feingetunt werden kann, über die Bildanmutung (Picture Control) und die erweiterten Einstellungen, bei denen Sie die Scharfzeichnung, den Kontrast, die Helligkeit und den Farbton nach Wunsch bestimmen können, bis hin zu diversen Rauschreduzierungsmaßnahmen gibt es einfach nichts, was Sie nicht anpassen können (was mein Lob über die enormen Möglichkeiten der Software an dieser Stelle deutlich unterstreicht).

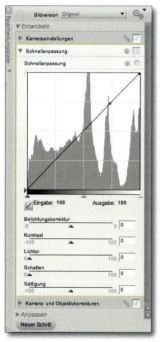

Haben Sie es mal etwas eiliger, oder möchten Sie nur Kleinigkeiten verändern, dann bietet sich Kategorie zwei namens „Schnellanpassung" an. Hier können Sie in der Tat schnell und einfach eine Belichtungskorrektur um bis zu plus / minus zwei Blendenstufen vornehmen sowie den Kontrast erhöhen oder abschwächen.

Zudem verhelfen Sie mit den beiden Reglern „Lichter" und „Schatten" ausgerissenen hellen Bildpartien wieder zu mehr Zeichnung, oder Sie zaubern aus zu dunklen Bildteilen mittels der Schattenaufhellung wieder Details hervor. Ein Regler für die Farbsättigung ist ebenfalls vorhanden, sodass Sie auch diesen Aspekt Ihres Fotos anpassen können. Zusätzlich wird ein Histogramm eingeblendet, in dem Sie durch eine Veränderung der quer durchlaufenden Linie ebenfalls Einfluss auf die Kontrast- und Helligkeitsverteilung im Foto vornehmen können.

Die Schnellanpassung funktioniert gut, ist aber beim Öffnen des Bearbeitungsfensters standardmäßig aktiv – ich würde mir aber dringend wünschen, selbst einstellen zu dürfen, welches Element beim Start aktiviert ist und welches nicht. An dieser Stelle: Lob und Kritik zugleich.

SOFTWARE

Danach stossen Sie auf die Kategorie „Kamera- und Objektivkorrekturen". Nicht schwer zu erraten, was sich dahinter verbirgt: Fehler der Ausrüstung nachträglich herauszurechnen. Die perfekte Kamera und das perfekte Objektiv gibt es nicht, und daher ist es nicht nur legitim, solche Korrekturmöglichkeiten anzubieten, sondern auch sehr hilfreich.

Hier stehen diverse Optionen zur Eleminierung von Bildfehlern bereit, die je nach verwendeter Kamera und besonders auch je nach verwendetem Objektiv unterschiedlich stark wirken. Es würde an dieser Stelle zu weit führen, jede einzelne Option zu erklären, daher nur ein Beispiel: Die Vignettierung (die Randabdunklung eines Objektivs) kann mit dem unteren Schieberegler wirksam eleminiert werden.

Der Bereich in dem die U Point-Technologie Veränderungen vornimmt, wird grün eingefärbt. Der Radius lässt sich nach Bedarf verändern.

Die wohl hilfreichste und (bei einem RAW-Konverter) in dieser Form auch einzigartige Möglichkeit der Bildoptimierung besteht in der „U Point"-Technologie. Sie klicken beispielsweise auf einen bestimmten Bildbereich der zu dunkel geraten ist. Nun hellen Sie diesen Bereich – und NUR diesen Bereich – bequem per Schieberegler auf. So lässt sich das gesamte Bild bis in die kleinste Nuance optimieren, ohne dass es sich auf das gesamte Foto auswirkt, und ohne dass man komplizierte Masken erstellen muss.

SOFTWARE

SOFTWARE

Urteilen Sie selbst

Dieselbe RAW-Datei, aber umgewandelt mit drei verschiedenen Konvertern: Nikon ViewNX 2 (links oben), Adobe Camera RAW 6.4 (über Photoshop Elements 9; links unten) und Nikon CaptureNX 2, unten auf dieser Seite.

ViewNX behält die Belichtung weitgehend bei, erzeugt aber dadurch (besonders auf den hellen Mauern) einen flauen Bildeindruck. Dem versucht Camera RAW durch eine Aufhellung der dunklen Bildpartien entgegen zu wirken, verliert dabei aber an Zeichnung (gut erkennbar in den Wolken). Beide Umwandlungen von RAW nach JPEG wurden mit den Standardeinstellungen vorgenommen.

Dass die Bildversion von Capture NX als klarer Sieger hervorgeht, dürfte auch unter dem Druckraster dieses Buches gut zu erkennen sein. Ich gebe zu, dass ich dabei gemogelt habe: Das CaptureNX-Bild ist mit U Point optimiert. Dazu waren nur wenige Mausklicks und geringe Vorkenntnisse erforderlich – eine wirklich grandiose Methode.

Der Vergleich zwischen ViewNX 2 (oben), Camera RAW (Mitte) und CaptureNX 2 (unten) zeigt deutlich, wie unterschiedlich die Konverter mit den Farb- und Helligkeitsinformationen derselben RAW-Datei umgehen.

INDEX

1 Nikkor 10 mm 50
1 Nikkor VR 10-100 mm PD 50, 184
1 Nikkor VR 10-30 mm 48
1 Nikkor VR 30-110 mm 49
1080/30p 177, 178, 179
1080/60i 177, 178, 179
720/60p 178, 179

A

A/V-Anschluss 41
Active D-Lighting 107, 108, 137
Adobe Camera RAW 208, 209, 210, 217
Adobe Photoshop Elements 202, 211
Adobe RGB 136, 137
AE-L/AF-L 66, 105, 106, 168, 187
AF-A 142, 148
AF-C 142, 148, 185
AF-F 185
AF-S 142, 148, 185
Akku 36, 38, 167, 170
Akkukapazität 170
Anschlüsse 41
aRGB 136, 137
Audiooptionen 138, 180
Aufhellblitz 37, 153, 155, 156, 157
Aufhellung 89, 94, 109
Aufnahme 85, 88, 89, 90, 94, 95, 98, 103, 104, 105, 106, 110, 117, 118
Aufnahme schützen 88
Aufnahmemodi 62, 74, 75, 76, 77, 78, 79, 80, 81, 82, 83, 84, 85, 91
Aufnahmeoptionen 90
Auslöser 168, 182, 185
Autofokus 22, 23, 24, 27, 29, 30, 32, 140, 141, 142, 143, 144, 145, 146, 147, 148, 149, 151, 167, 185
Autofokus-Automatik 142, 148

Autofokus-Hilfslicht 151
Autofokus-Messfeldsteuerung 144
Autofokusmodul 24
Autofokussystem 23
Automatische Messfeldsteuerung 145, 148

B

Backup 189, 190, 191, 196
Bajonett 12, 14, 30, 31, 33
Bajonettadapter 32, 195
Bearbeitung 198, 202, 204, 207, 209, 213
Bearbeitungsprogramm 204
Bedienelemente 60, 61, 65, 68, 74
Begradigung 205
Belichtung 94, 98, 99, 100, 101, 103, 104, 105, 106, 107, 119, 120, 121, 168, 187, 205, 217
Belichtungsanpassung 106
Belichtungsautomatik 84
Belichtungskompensation 106
Belichtungskorrektur 214
Belichtungsmessung 34, 98, 99, 100, 102, 104, 105, 152, 160
Belichtungsprogramme 91
Belichtungsspeicherung 105, 106, 168
Belichtungssteuerung 91
Belichtungszeit 68, 76, 77, 79, 80, 81, 82, 84, 85, 137, 150, 156, 157, 158
Belichtungszeiten 40
Bewegungsunschärfe 150
Bewertung 87, 88
Bewölkter Himmel 115
Bild-Organizer 203
Bildanmutung 214
Bildaufzeichnungsraten 181
Bildausrichtung 170

INDEX

Bildausschnitt 89, 99, 100, 103, 105, 106, 115
Bildbearbeitung 196, 198, 203, 204, 205
Bildershow 168
Bildgrößen 183
Bildqualität 21, 22, 33, 34, 52, 53, 54, 55, 56, 57, 84, 91
Bildrauschen 125, 137
Bildschärfe 127, 129
Bildsensor 12, 24, 33
Bildstabilisator 139
Bildstil 34, 129
Bildstimmung 156
Bildwiederholfrequenz 177
Bildzeilen 177
Blende 20, 34, 68, 77, 78, 79, 80, 81, 82, 83, 84, 85, 91, 186, 187
Blendenautomatik 68, 77, 78, 80
Blendenöffnung 77, 78, 79
Blendenvorwahl 68
Blitz 13, 35, 36, 37, 50, 61, 67, 69, 140, 151, 152, 153, 154, 155, 156, 157, 158, 159, 160, 161, 162, 195
Blitzaufnahmen 152
Blitzbelichtung 152
Blitzbelichtungskorrektur 160
Blitzbelichtungsmessung 160
Blitzleistung 152, 159, 160
Blitzlicht 115
Blitzmodi 156
Blitzmodus 37, 156, 157
Brennweite 150
Brillant 127, 129, 135

C

CaptureNX 89, 95, 107, 108, 211, 212

D

D-Lighting 89, 101, 107, 108
Dateibrowser 212, 213
Dateigröße 91
Dateinummern 169
Datenrate 177, 178
Datensicherheit 189
Datentransfer 196
Der Goldene Schnitt 166
Diaschau 87
Direktes Sonnenlicht 114
Display 34, 38
Drehung 203, 205
Durchschnittsmessung 100
DX 21, 31
Dynamik 208

E

Eigener Messwert 117
Ein- / Ausschalter 61
Einstellwippe 83
Einzelautofokus 142, 148, 185
Einzelbilder 41
Einzelfeld 145, 146, 148
Elektronischer Sucher 34
Empfindlichkeit 85, 124, 125, 137, 138
Empfindlichkeitsbereich 124
Entrauschen 137
Entwickeln 214
Exif-Daten 199
Expeed 3 30

F

Farbkanäle 92, 93
Farbkorrektur 205
Farbraum 136, 137
Farbsättigung 94, 126, 127, 129, 130, 135

INDEX

Farbspektrum 129, 136, 137
Farbtemperatur 111, 114, 208, 214
Farbtiefe 92, 93
Farbton 208, 214
Fernauslöser 67, 167, 193
Festplatte 169, 189, 190
Filmclips 178, 180
Filmen 175, 176, 177, 179, 180, 183, 186, 187, 188, 194
Filmschnitt 200, 201
Filmstil 201
Filtereffekte 131
Firmware 170
Fokuseinstellung 185
Fokusmessfeld 143, 145
Fokusmessfelder 24
Fokusmodus 37, 140, 142
Fokussieren 185, 186
Fokussierung 143, 144, 148
Fokusskala 143
Formatieren 164, 190
Foto-Browser 198
Fotofunktion 183
Full HD 168, 176, 178, 181, 183
Funktionstaste 68, 98

G

Gehäuse 10, 11, 13, 35, 39, 48
Gehäusematerialien 39
Geschwindigkeit 27, 33, 40, 50
Gesichtserkennung 87
Gitterlinien 166
GPS 13, 37
GPS-Daten 199
GPS-Empfänger 61, 194
GPS-Modul 199
Graukarte 117, 194

H

H.264 178
Halbbilder 176, 177
Hauptmenü 86, 87, 88, 89, 90, 91, 98, 118, 119, 120, 121, 122
HD 168, 176, 178, 179, 181, 183
HDMI 41, 168
Helligkeit 208, 214
High-Speed-Modus 27
High-Speed-Videos 181
Histogramm 208, 214
Hochformatanzeige 87, 170
Hybrid-Autofokus 22, 23, 24

I

Interlaced 176, 177, 178
ISO-Automatik 85, 187
ISO-Bereich 125
ISO-Empfindlichkeit 34, 84, 124, 187
ISO-Spanne 84, 85
ISO-Stufe 124, 125
ISO-Wert 84, 124, 125

J

JPEG 91, 92, 93, 94, 95, 96, 97, 98, 108, 126, 141

K

Kameraprofil 209
Kontinuierlicher Autofokus 142, 148
Kontrast 126, 127, 129, 130, 131, 135, 145, 208, 214
Kontrast-AF 23, 24, 145
Kontrastkurve 126
Kunstlicht 111, 114, 115

INDEX

L

Landschaft 75, 79, 129, 135
Langzeitbelichtungen 137
Langzeitsynchronisation 156, 157, 158, 159
Leuchtstofflampe 114, 115
Lichtstimmung 157, 160
Löschen 63, 66, 86, 88

M

Manuelle Fokussierung 143, 148, 185
Manueller Modus 82
Matrixmessung 98, 99, 100, 101, 102, 104
Mehrfeldmessung 100
Menü-Taste 66, 74
Messfelder 24, 145
Messfeldsteuerung 141, 144, 145, 147, 148
Messsystem 144
MF 143, 148, 185
Mikrofon 41, 184, 185, 194
Mittenbetonte Messung 98, 101, 102, 104
ML-L3 67, 193
Monochrom 128, 130, 135
Motivautomatik 20, 29, 42, 68, 74, 75, 76, 80, 91
Motivprogramme 74, 75
Motivverfolgung 146, 148
Motorzoom 185
MOV 178, 181
MPEG4 178
Multifunktionswähler 37, 65, 66, 67, 74, 89, 90, 105, 116, 117, 129, 130, 140, 143, 146, 160

N

Nachbearbeitung 178, 179, 190
Nachschärfung 126
Nachtporträt 75

NAS 191, 192
Neutral 126, 135

O

Objektivkorrekturen 215
Orientierung 170

P

Permanenter Autofokus 185
Phasen-Detektions-AF 23, 24, 145
Picture Control 92, 126, 127, 128, 129, 130, 131, 132, 133, 134, 135, 214
Picture Style 94
Polfilter 194
Porträt 75, 129, 135, 147, 148
Programmautomatik 68, 80, 81, 91
Programmwählrad 62
Progressive 176, 177, 178

Q

Qualität 91, 93, 95, 96, 97
Qualitätsstufe 91, 96

R

Rändelrad 39, 83
Rauschen 137
Rauschunterdrückung 137
RAW 91, 92, 93, 94, 95, 96, 97, 98, 101, 108, 109, 126
RAW-Datei 199, 208, 209, 217
RAW-Konverter 208, 209, 210, 212, 215
Richtig belichten 99, 100, 101, 102, 103, 104, 105, 106, 107, 108, 109
Richtig Blitzen 152, 153, 154, 155, 156, 157, 158, 159, 160, 161, 162
Richtig Fokussieren 140, 141, 142, 143, 144, 145, 146, 147, 148, 149, 150

INDEX

Rohdaten 92, 94
Rote-Augen-Effekt 35, 156, 157
Rote-Augen-Reduktion 157
Rote-Augen-Vorblitz 37
Ruhemodus 61, 167

S

Sättigung 208
SB-N5 35, 36, 37, 152, 153, 156, 161, 170, 195
Schärfe 94, 103, 185, 186
Schärfentiefe 78, 186
Scharfstellung 142, 143, 144, 147, 151
Schatten 103, 113, 115, 119, 214
Schnellanpassung 214
Schnellbearbeitung 206
Schwarzweiss 128, 130, 131
Selbstauslöser 67, 167
Sensor 14, 21, 22, 23, 24, 39, 40
Serienbilder 27, 41, 98
Serienbildgeschwindigkeit 30
Short Movie Creator 200
Sicherungskopie 196
Sicherungsziel 196
Smart Photo Selector 63, 64, 74
Software 196, 197, 198, 199, 200, 201, 202, 203, 204, 205, 206, 207, 208, 209, 210, 211, 212, 213, 214, 215, 216, 217
Speicherkarte 164, 165, 178, 179, 181, 189, 190, 196, 197
Spotmessung 98, 104, 105
sRGB 136, 137

Stabilisator 139, 150
Standard 126, 129, 132, 135, 156
Stativ 184, 185, 194, 195
Sucher 11, 23, 34, 35, 65, 82, 83
Systemeinstellungen 66, 164, 170
Tageslicht 111, 113
Tonen 131
Tonqualität 185

T

TTL-Blitzbelichtungssteuerung 152, 159

U

U Point 215, 217
Überblendung 180
Umbenennung 197
Umwandeln 199, 201

V

Verschluss 39, 40, 41, 68, 77, 98, 110, 167
Verschlussarten 39, 41
Verschlussvorhang 158, 159
Verschlusszeit 37, 39, 68, 78, 80, 82, 83, 150, 158
Video 168, 176, 177, 178, 179, 180, 181, 182, 184, 185, 187, 194
Videoaufnahme 61, 182, 183
Videofilmen 175, 184, 187
Videoformat 178
Videofunktion 175, 180
Videomodus 62
Videoobjektiv 184
Videos 176, 178, 179, 180, 181, 182, 184, 185, 188, 192
Videoschnittsoftware 200
ViewNX 189, 190, 196, 198, 199, 200, 202, 211

INDEX

Vollautomatik 75, 80, 91
Vollbilder 176, 177, 178, 179
Vorfokussieren 149
Vorhang 37, 39

W

Wechselobjektiv 186
Weißabgleich 94, 110, 111, 112, 113, 114, 115, 116, 117, 122
Werkseinstellungen 164
Wiedergabe 86, 90
Wiedergabemenü 170
Wippe 65, 68, 77, 78, 80, 81, 83

Z

Zeilenflimmern 177
Zeit 23, 34, 39, 42, 85, 91, 97, 104, 106, 110, 118, 164, 167, 169, 170, 175, 180, 187
Zeitautomatik 68, 78, 79
Zeitlupe 180
Zeitlupenaufnahmen 181
Zeitvorwahl 68
Zeitzone 169
Zoombereich 186
Zoomen 184, 185
Zoomring 185
Zubehör 193, 194
Zubehörschuh 35, 36, 37

Benno Hessler

**Nikon D5100
DAS BUCH ZUR KAMERA**

ISBN 978-3-941761-21-6

EURO 28,--
Umfang 216 Seiten

Point of Sale Verlag
Gerfried Urban
D-82065 Baierbrunn

mehr:
www.blickinskamerabuch.de

Zum Buch

"Obwohl ich beruflich bedingt Zugriff auf verschiedene Kameras, darunter solche der Profiklasse habe, ist die D5100 seit ihrem Erscheinen mein absoluter Liebling....", schreibt Autor Benno Hessler in seinem Buch zur Nikon D5100.

Dieses Kompliment von einem Buchautor, der immerhin viele Jahre Test- und Technik-Chef der Fachzeitschrift Chip Foto-Video digital war, und durch dessen Hände unzählige DSLR-Kameras gingen, zeigt die Begeisterung des Fachjournalisten.

Entsprechend begeisternd ist nun auch Das Buch zur Nikon D5100. Mit zahlreichen Screenshots führt Hessler den Leser durch die Fülle der Einstellungsmenüs und erklärt damit sehr anschaulich, was alles aus dem erstaunlich kleinen und handlichen, technischem Wunderwerk herauszuholen ist.

Durch persönliche Zwischenrufe und viele Tipps vermittelt er, praxisnah und verständlich seinen gesamten Erfahrungsschatz und überfrachtet den Text dabei ganz bewusst nicht mit Fachausdrücken.

Stellenweise verblüfft der Autor geradezu mit seinen Ratschlägen: So empfiehlt er z.B. erfahreneren Fotografen die Benutzung der Motivprogramme, während er Einsteigern den manuellen Modus nahelegt.

Besondere Erwähnung verdient sein Kapitel über „Richtiges Fokussieren": Hier findet man Ratschläge und Erklärungen, die man so bisher kaum irgendwo gelesen hat. Richtiges Blitzen, die Wahl zwischen JPEG und RAW, der richtige Umgang mit der Videofunktion und der Software, sowie Kapitel über Objektive und weiteres Zubehör, alles immer wieder mit praktischen Bildbeispielen angereichert, runden das Buch ab, und machen es zu einem kompetenten Begleiter für den D5100 Besitzer und Interessenten.